◆职业教育课程改革创新示范精品教材◆

MEIFA YU XINGXIANG SHEJI

美发与形象设计

主　编　张小燕　黄志君　温　霖

参　编　刘　静　温夏波　龙叶鸿
陈燕珍　张文红　黄红艳
黄永明　施　向　陈　慧
梁　斌　张　雪　高肖竹
陈美宏　杨雅婷　毛　艺
覃佩娟

审　定　潘晓东　黄玲芝　蒙槐春

合肥工业大学出版社
HEFEI UNIVERSITY OF TECHNOLOGY PRESS

前　言

随着近年来生活水平的提高，人们对自身美的追求也越来越强烈。现代人不仅对美发服务有着高要求和高标准，更看重良好的服务体验和反馈，顾客的需求使得美发行业正面临着越来越激烈的竞争，美发人也面临着越来越严峻的考验。那么究竟该如何在这场激烈的竞争中脱颖而出呢？如何在这个时代改变大众对美发人的固有印象呢？编者认为提升美发人的文化素养，是让整个行业进行变革的关键。因此，在中职、高职院校开办美发与形象设计专业，让更多将要进入美发行业的年轻人接受更系统、更专业的教育，是未来的大趋势。

本教材涵盖了职业道德与行业标准，服务业务技术管理与卫生知识，美发工具、产品、仪器设备的认识，洗护知识，修剪基本元素，吹风造型技术，烫发技术，染发技术，发型基础等九个方面。在教学方法上，多采用以任务为导向，学生自主学习的方式，注重强化学生的理论知识与操作技能，让学生在做中学习、学中思考。在内容的选取上，我们力求对接市场需求，化繁为简，使得符合中职学生身心发展的规律。

本教材是集体智慧的结晶，由张小燕、黄志君、温霖主编。感谢行业专家罗毅先生为本教材的编写提出指导意见。在素材的收集、拍摄上，感谢以下学生模特为本教材的付出

（排名不分先后）：覃丽佳、潘美仙、韦曦光、杨燕、曾俞航、黄友朋。感谢学校的领导和老师们提供的帮助。

由于编者的水平有限，难免出现疏漏和不足之处，请读者和专家批评指正。

编　者

2019年2月

目 录

项目五 修剪基本元素

项目六 吹风造型技术

项目七 烫发技术

项目八 染发技术

项目九　发型基础

项目一

职业道德与行业标准

任务一　美发行业的历史与发展

任务二　美发师职业道德规范的内容

任务三　美发师行业标准

任务一　美发行业的历史与发展

任务目标

本次任务旨在让学生了解美发行业的历史与发展等相关基础知识。

任务描述

本次目标任务旨在向学生阐述发型技术的历史由来和美发行业的发展新趋势，这是作为一名美发师必须要了解的基本知识，只有了解美发技术的历史，才能将美发文化推向更高层次。

一、知识准备

（一）美发行业的历史

1.中国发型发展简述

纵观世界发型发展史，美发技术的发展经历了从低到高，从简单到复杂，从原始到时尚

图1-1-1　古代束发用品

的发展过程。

（1）原始阶段

中国的发型要从远古时代开始说起，我们的祖先在早期，无论男女都是蓄头发的，常年的披头散发给他们的生活带来诸多的不便，后来为了劳动方便就用有韧性的草、草棍或是木棍一插，使头发固定住，这就是最早的束发。头发对祖先来说就如同头颅，割发等同于割头（图1–1–1）。

由束发开始，中国便有了原始的扎发，后发展成了左右的辫发，就是最原始的辫发。后来，我们的祖先从动物的羽毛和头顶的羽冠得到了启示，懂得了使用项链、手镯、指环、羽毛、花环、兽骨、象牙、玉石、陶土等饰物来装饰自己，将头发挽束在头顶上，形成了中国最早的发髻，此时的祖先将一贯的披发过渡到了挽髻。随着社会经济水平的不断提高，统治者也开始注重自己的仪容仪表，出于交际和审美的需求也开始梳理头发了。

（2）古代发展阶段

春秋战国时期，诸子百家齐争鸣，服饰与发髻也开始呈百家齐放之态。秦始皇统一中国时，与外邦交流日益频繁，中国的各类发式及装饰也日趋讲究。在鼎盛时期的隋唐年代，因为贞观之治，当时的社会经济发达，文化繁荣、生活富裕、思想开放，所以人们的发式与服饰达到了历史的巅峰。到了宋元明时期，社会发展停滞不前，经济陷入低谷，封建统治者思想渐趋于保守，发式、配饰、服饰等都不再时兴，人们审美的眼光趋向保守。

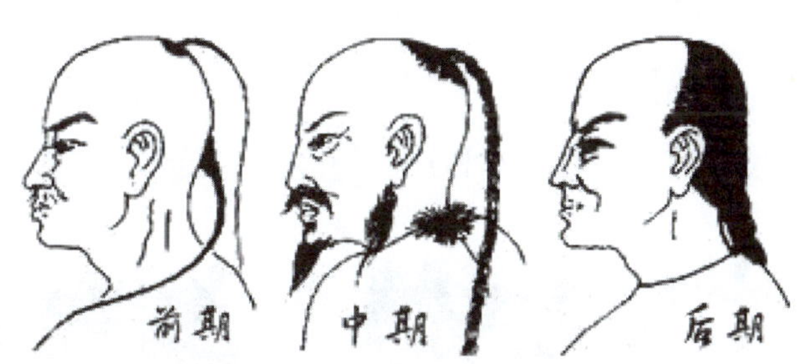

图1–1–2 蒙古人的辫发

元朝时，蒙古人的头发是辫发，他们的一大半头发会被剃掉，仅留下前额上的一小撮头发，显得可爱（图1–1–2）。

明朝时，平民百姓则将头发在后脑勺挽成两三股发髻，而稍有身份的人则都在头顶结成发髻，还要在头顶上缠绕网巾来固定头发。在那时，男子发型代表着身份的高贵，女子发型则时兴桃心髻、双螺髻、假髻、头箍、牡丹头、凤冠等。图1–1–3和图1–1–4所示分别是中国古代女子发型和中国古代男子发型。

图1-1-3　中国古代女子发型

图1-1-4　中国古代男子发型

（3）近现代阶段

清末至民国初年，封建社会走向瓦解，年轻女子除部分保留传统的髻式造型外，在额前也留一缕短发，叫“前刘海”。辛亥革命后，时兴剪发，男子不再留小辫子，头发梳成“三七分”“四六分”“中分”等发型。女子也剪发，就是当时流行的学生头。到了20世纪60年代，发式一直没有什么改变。20世纪70年代后，全国各大城市开始兴起烫发，在当时，旗袍配上烫发成为那个时代的时尚标志。20世纪80年代，随着中国改革开放的步伐加快，受到国外美发业的影响，烫发、染发逐步开始盛行，发廊兴起，洗、吹、剪、烫、染成为发廊最主要的盈利点（图1-1-5至图1-1-7）。

图1-1-5　国外男子发型

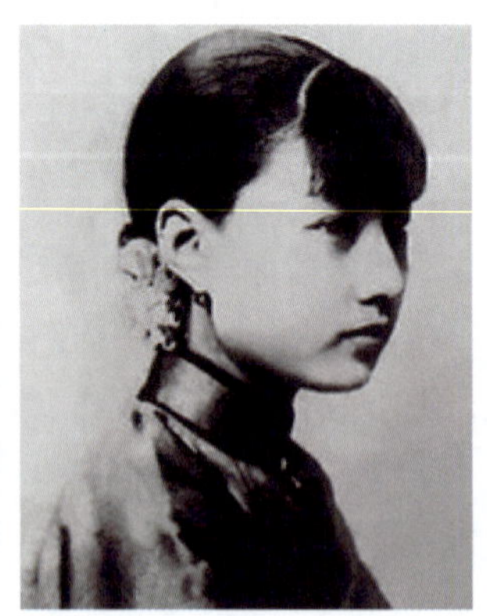
图1-1-6　国内女子发型

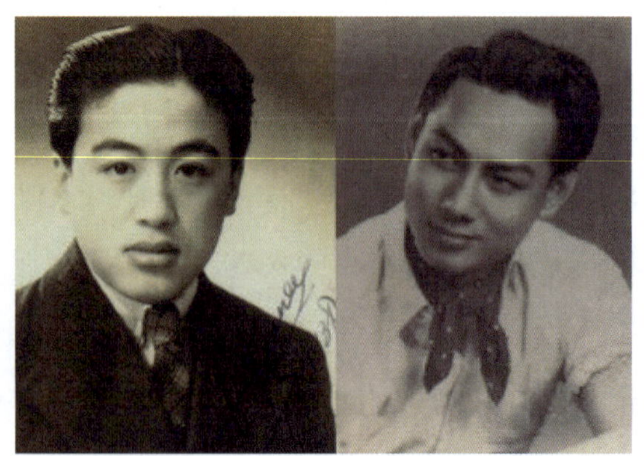
图1-1-7　国内男子发型

随着时代的发展，我国社会各阶层，生活习惯的不同，审美意识也不同，发型成为当下人们社交中个人品位的一种表现。

如今，中国改革开放几十年来取得了令人瞩目的成绩，美发行业也一样与世界接轨，引进国外的先进技术，集合中国民间美发艺人的一技之长，开创出我们这代人的中国美发现代史。

2.国外发型发展简述

随着当时人们的生产力水平的提升和对美的追求，国外各个国家的发型也逐渐发展起来了。在古埃及，无论男女都流行戴假发，还喜欢戴假胡子，甚至把假胡子编成辫子挂在耳朵上，来以此作为身份和权力的象征（图1–1–8至图1–1–10）。

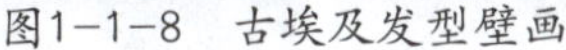

图1–1–8　古埃及发型壁画

图1–1–9　古埃及皇后发型

图1–1–10　古埃及人像雕刻

古希腊男女对发型非常重视，女子们常常洗头、烫发、染发，用绸带、花环、动物的羽毛、串珠等饰物来装饰发型。

在古罗马，上流社会开始拥有自己的审美标准，男子的发型主要是烫成卷的短发；女子则把头发烫成卷发后，将头发编成辫子盘在头上，或是梳理成各式各样的发式（图1–1–11）。

日耳曼人则以留长发为荣，男子留长发到肩头，女子则把长发编成辫子留在身后，但他们也用羊毛制成假发戴在头上，并把假发染成红色。后来，随着时代的变迁，日耳曼人也开始接受了罗马的文化，男子开始留短发，女子也模仿罗马妇女把头发盘在头顶上（图1–1–12）。

图1–1–11　古罗马人的发型

图1–1–12　日耳曼人的发型

17世纪的欧洲，假发盛行，特别是在法国，假发被用来装饰或是弥补头发缺陷，并且也可以显示威严。现在在一些国家的法庭上，法官、审判员和辩护律师等在开庭审判时还戴着金黄色的假发，这是历史的痕迹（图1–1–13）。

这种戴假发的风气最初兴起于法国国王路易十三，因为路易十三需要用假发来掩饰自己的光头，到了路易十四也开始使用假发，慢慢戴假发的风气从欧洲大陆传到了美洲大陆。法国大革命后假发在欧洲慢慢地消失（图1–1–14、图1–1–15）。

图1–1–13　17世纪欧洲假发发型

图1–1–14　带羊毛假发的欧洲女性

图1–1–15　假发发型逐渐消失

图1–1–16　高发髻发型

18世纪60年代后期，女子发型出现了扎发，这是史上从未出现的高发髻，后来，在这些高发髻上又做出了许多特别的装饰物，如山水盆景、树林、马车、牧羊人等景观。到了18世纪80年代，高发髻日渐衰落，又回到了自然的发型（图1–1–16、图1–1–17）。

19世纪初期，男子发型为卷发盖过耳朵，常以“四六分”或“三七分”的比例在头顶偏分（图1–1–18）。

图1–1–17　佩戴了特别装饰物的女性

图1–1–18　偏分发型

图1–1–19　短而小巧的发型

女子发型则继续在身后留发髻或编辫子，发髻用丝绸或漂亮的布料包起来。发型逐渐变小，这预示着现代短发时代的来临（图1-1-19）。

1905年，德国人内拉斯先用碱性溶液将头发润湿，让其变柔软，再缠到烤热的木棍上使头发卷翘，这种方法相较以前的烫发方法取得了更长时间的卷曲效果；随后烫发的小木棍被金属小棒所替代，这是早期卷杠的雏形。1933年，法国人在烫发的基础上改用通电的卡子，加热后的通电卡在发卷上加热，就是后来出现的早期电热烫发机，此法在全球美发店快速传播，风靡一时。1937年，英国人斯区曼先使用碱性溶液将头发软化后，再使用酸性溶液将其中和，使得头发卷曲，这种烫发法俗称冷烫法。此法很快在欧洲普及，随后传入亚洲国家（图1-1-20）。

图1-1-20 烫后发型

随着现代美发技术的不断提升，要求发型师在造型上多样化，对烫发后头发的发质保养也提出了更高的要求。

（二）发型发展的趋势

中国美发业在20世纪30年代可谓是崭露头角，由最早期的剃头店慢慢引进了剪发、烫发、染发的技术，现在美发业经历了由作坊式—专业式—连锁店—精品店—会所式的蜕变。美是人类永无止境的追求，目前，中国的美容美发消费逐渐趋向于以形象设计为基础，其中包括面部护理、身体护理、发型设计、生活化妆、美甲、服饰搭配等全方位的服务。

纵观国内外的发型发展趋势，发式由长到短，由短变长；发型也由直发到卷发，由卷发变为直发，再到半头直发半头卷发；这些发式的造型由简到繁，由繁到简，发式的不断变化可以看出发型师们的技术在不断地提升，是在更高的基础上的再创造。中国美发行业在改革开放的大好形势下，不断引进新式样，缩小了与其他国家的技术差距，新潮、复古的发型都存在，随着人们审美意识的不断提高，对个体形象追求标新立异，所以美发师更需要丰富自己的美学知识并提升自己的能力，对发型的点、线、面（形）、轮廓的构成，扩展为肤色、发色的和谐统一，这成为发型整体美的一个重要组成部分（图1-1-21）。

所以，想要成为一名合格的美发师，就必须及时捕捉国际上美发行业的新信息，真正掌握新工艺，在反复试验、论证的基础上推动中国美发事业向前发展。

美发的操作工艺由简到繁，再由繁到简；美发的技能也由简单的一刀切到出现剪发的层次美，烫发由热烫到冷烫，由全头烫到半头烫，由半头烫到发尾烫微卷，由徒手烫到塑料卷棒烫等，并且还增加了吹风造型等弥补烫发不足的技艺（图1–1–22）。

图1–1–21　沙宣发型

图1–1–22　现代技术的烫发效果

自然、简约、柔和、动感、时尚、有个性，符合个人气质与审美，传统与现代的发型相结合是国际发型设计的发展趋势。

二、任务实施

1.分组讨论美发行业的发展前景，10人为1组，教师到各组指导，并与学生探讨及就各组发言发表意见。

2.每组设1位组长，对积极发表意见的同学加分，并就最终小组讨论结果进行记录。

三、任务拓展

1.各组同学在网上搜索美发业发展的历史情况，简要口述出来。

2.各组同学就美发行业的发展趋势说说自己的看法。

任务二　美发师职业道德规范的内容

任务目标

本次任务旨在说明职业道德的概念及职业道德的由来。

任务描述

职业道德是各个行业所制定并应遵循的道德规范的思想及行为。对于刚入行的美发师们来说更应了解职业道德的行为规范。

一、知识准备

（一）职业道德的概念

职业道德是从事一定职业的人们在劳动或工作中应该遵循的行为规范的总和。它是人们在日常工作中应该遵守的行为准则，也是从事本行业人员对社会应尽的责任和义务。

美发行业的职业道德是指从事美发行业的人员在美发行业的劳动场所活动中，从思想意识到行为意识都必须遵循的美发服务的道德准则、行为规范及各项服务要求。因此，在美发行业的职业道德中，想顾客所想、思顾客所思、全身心为顾客服务是美发行业职业道德的核心内容。

（二）职业道德的起源

马克思说过：“任何一个民族，如果停止劳动，不用说一年，就是几个星期，也要灭亡。”由此可见，劳动过程中会产生长期从事的某种工作，而社会分工的不同就有了各种不同的业务和职责，这就产生了职业的概念。职业是指人们由于社会分工不同而具有专业业务和特定职责并以此作为主要生活来源的工作。而职业道德是从事一定职业的人们在劳动中应该遵守的规章制度和行为准则。

道德大致可以分为家庭道德、社会道德、职业道德等。道德是从人们的日常物质生活实践中慢慢演变而来，它是人类社会进步的产物。

我们能够正确地认识道德的演变，有利于揭示出道德的特点及道德发展的变化规律，对于我们继承和发展道德的方向有着积极的推动意义。

（三）美发师的职业道德规范内容

毛主席说过："全心全意为人民服务。"社会的职业多种多样，每种职业都有它们特定的职业道德规范，而美发师的职业道德规范的核心内容就是全心全意为顾客服务。

1.要做到热爱本职本岗工作，做事认真负责

作为美发行业的从业人员，不管从事哪个岗位都应该爱岗敬业，尽职尽责，对自己所从事的工作充满信心，要经常参加店内的培训和店外的交流学习，刻苦钻研专业技术，不断提升专业技能，努力做到最好，让每一位顾客满意。

2.做事积极主动，对顾客服务热情周到

美发是服务行业，是技术与服务相结合的综合性的工作，所以在工作中要做到主动待客、热情服务、耐心相处、沟通到位。

3.行为举止要文明，说话做事要谦虚谨慎

美发师是美发顾客的美丽使者，自己的行为举止、语言表达要文明有礼，要树立良好的自我形象；不要与顾客争执，不可贬低、打击他人，要谦虚待人，吸取他人的长处。道德规范在职业道德中起到积极的作用，所以，行业的道德规范性对美发行业的发展是至关重要的。

二、任务实施

1. 分组讨论，6人为1小组，设1位组长，收集最终讨论结果上交老师。
2. 分组讨论行业内的职业道德，哪些是同学们印象最深刻的？
3. 教师分组巡视，查看组内讨论情况。

三、任务拓展

1.职业道德的概念是什么？

2.美发师的职业道德规范有哪些？

任务三 美发师行业标准

任务目标

本次任务旨在让学生了解美发师各个技术级别的行业标准。

任务描述

刚入美发行业的人群对技术级别及行业标准不是很了解，这次任务就是让大家对美发行业的标准有初步的认识。

一. 知识准备

美发师行业标准按技术等级可以划分为五个等级：初级美发师、中级美发师、高级美发师、美发技师、美发高级技师。标准对各级技能的要求依次递增，高级别涵盖低级别的要求。

（一）对初级美发师的职业技能要求

在工具的准备工作上，初级美发师能检查各类美发器具是否清洁、锋利、保养到位，并根据要求进行消毒；能及时准备发夹、发胶、围布、毛巾、固定饰品等相关物品。

初级美发师在环境准备上要求能根据顾客需要，调试好室内空调温度、灯光和电视频道等，并能给顾客端茶递水、清理头发、整理物品，保持整个工作环境的干净卫生等。

初级美发师在礼仪接待方面能使用规范、礼貌的普通话迎送顾客，能妥善地引领和安置顾客，并能在接待过程中向顾客介绍美发服务项目及相应的收费标准，还能根据顾客的要求推荐本店有相应技术能力的美发师。

初级美发师在洗头按摩上要求其熟练掌握坐式洗头和仰式洗头技术，洗头时能起泡、不打结，头发冲洗干净、顺直、不滴流，能根据顾客的发质或服务项目推荐相应的洗发水，并能根据顾客的发质选择适合的洗发香波；给顾客洗发时手法要轻柔，包毛巾的手法要娴熟，不掉发、不脱落，能给顾客按摩头部、肩部，做头部按摩时力度与速度要适中，穴位点按摩正确，轻重适合。

初级美发师还需熟练地运用剪发工具，如剪刀、电推剪、剃刀、销刀、锯齿剪及各类梳子，具有能修剪一般男式、女士发式的技能；给顾客烫发时懂得选择适合的卷杠，在卷杠时要求粗细均匀，角度适合，排列整齐紧凑，发丝光亮；在放烫发液、定型剂时，应充分掌握所需时间，能进行离子烫操作，会控制吹风机的温度、风力、送风时间和角度等，会调配白发染黑的染发剂并确定停放时间，能根据不同的情况选择护发产品等。

（二）对中级美发师的职业技能要求

中级美发师除要有初级美发师掌握的技能外，还能与顾客进行项目服务的沟通，并能解答顾客提出的相应需求；能给顾客介绍常用的洗、护、烫、染、漂、拉、固发等产品的功能与特点；能根据顾客内在、外在的条件推荐合适的发型；能使用削刀及修理工具进行发型的维护和保养；能剪寸头和修剪参差不齐的女士头发。

中级美发师要能根据顾客的发质特点选择烫发液、染发膏和卷杠的排列方法；能根据试拆卷判断卷发的效果，并对出现的情况采取补救措施，还能对固发、头饰品进行简单的造型；能使用梳刷等造型工具和吹风机配合进行发型操作；能对女式长发、中发、短发的发型进行吹风造型。对中级美发师的要求还包括能对面部皮肤进行清洁，剃须、修面，还可以根据顾客发质和顾客要求的染发效果选择和调配染发剂，还能进行多种形式的接发操作及调整。

（三）对高级美发师的职业技能要求

高级美发师除要有初级、中级美发师掌握的技能外，还能根据顾客的外形条件，如脸型、五官及主要的发型轮廓，通过与顾客的沟通交流了解到顾客的需求并帮助顾客设计适合的发型，在设计过程中能用素描图表达所构思的发型线条的轮廓；在修剪上能完成各式男士发型的修剪，并对女式的长发、短发、中发运用各种层次组合技法进行综合层次发式的修剪，还能对长波浪的发型进行综合层次的修剪。

高级美发师在烫发上能选择不同卷杠工具和卷杠方法，能掌握市场的最新潮流及最新发型，对长、中、短波浪发型进行造型；能熟练开展盘发、编发、束发、包发等生活类晚宴妆造型；能根据顾客的发质和喜好帮助选择漂发、染发的材料并进行发质和发色的分析，确定基色与目标色；能进行过氧化氢和漂粉与温水的调配，会挑染、线染、片染、层染等操作；能确定药剂涂抹时间与停放时间；能操作染发仪器，控制时间及温度对漂染的头发进行加热着色，并帮助顾客选择适当的护发用品。

（四）对美发技师的职业技能要求

美发技师除要有初级、中级、高级美发师掌握的技能外，还能根据顾客的整体形象风格绘制发型的素描图和发型分解结构图，设计出符合时代潮流的男女各式生活发型，能配合发型进行日常的净面、修眉及生活化妆，并对顾客的发型、妆面、服饰进行整体的形象设计。

在修剪发式上，美发技师要能运用不同的修剪手法对曲、直发修剪成型，对剪切口角度的变化进行修剪，能运用各种造型手法帮助顾客塑造婚礼、宴会、舞会发型，并能制作手工发饰品；能漂发、染发并渲染出多层次的发色，还能对发质运用褪色、补色等有效的方法调整发型颜色。美发技师还需要具有培训及讲解本职业理论知识和技术技巧及撰写技术工作小结的能力，并能协助经营者管理企业，处理经营过程中发生的问题。

（五）对美发高级技师的职业技能要求

美发高级技师除要有初级、中级、高级美发师、美发技师掌握的技能外，还能在个人整体形象设计下根据设计要求绘制发型图样并使用电脑进行发型绘画；能对顾客进行新娘妆和晚宴妆的设计；能进行一发多变发型的造型；能对修剪工艺技法和造型技法进行创新；能创造出引领时代潮流的发式，在漂染色上能根据顾客自身特点进行多颜色、多层次的漂、挑染发；能归纳、总结与美发相关的技术经验，撰写美发专业论文；能制订职业培训计划和授课方案，并能分析当前的市场动态，管理好企业的经营活动。

二．任务实施

1.分组讨论在美发行业中自己的目标是哪个阶段？每组设1位组长，要求各组成员都发言，组长收集最终意见报给教师。

2.任课教师到每组巡视，倾听学生们的讨论和发言。

三、任务拓展

请同学们课后写出对美发行业的愿景和自己今后在行业中的发展规划。

项目二

服务业务技术管理与卫生知识

任务一 美发岗位的职责、规章制度

任务目标

本次任务旨在让学生清楚每个岗位的岗位职责和规章制度。

任务描述

在美发服务中需要跟顾客多次接触，所以每一位从业人员都应该了解自己的工作职责和规范的服务流程。

一、知识准备

（一）店长或经理的职责

1.全面负责店内的总体事务，与全体员工共同努力完成确定的各项目标，全面负责店内的所有对内与对外业务。

2.制定店内的管理目标和经营方针，包括制定每一位从业人员的各项规章制度和服务操作流程，并规定各级管理人员和员工的职责，监督贯彻执行到位，使各部门之间合理化、高效化。

3.协调各部门之间的关系，使各部门有一个高效率的工作体系，确保每一环节的对接合理有效。

4.健全本店的财务制度，阅读并分析各种财务报表，检查分析每月营业情况，监督财务做好成本控制、财务预算、财务收支等。

5.定期巡视公共场所及各部门的工作情况，检查服务态度和服务质量，及时发现问题、解决问题。

6.培养人才，指导各部门的工作，提高本店的整体服务质量和员工素质。

7.加强本店的日常维护工作和安全管理工作。

8.招聘员工，决定本店岗位设置，负责管理人员的录用、考核、奖惩、晋升等。

9.关心员工，以身作则，使各部门有高度凝聚力，并要求员工以高度热情和责任感去完成本职工作。

（二）美发师的工作职责

主要职责：以专业的技术、热情和周到的服务，为客户提供优质的美发服务。

1.认真执行店内的规章制度，严格遵守操作流程，做好个人的周报表、周总结、周计划及月报表、月总结、月计划，努力完成指标任务，做好本职工作。

2.美发师要具有良好的职业道德，以诚实的态度、热情的服务，做好每一项工作，工作责任心要强，讲究工作效率，发型设计要有依据，操作要稳健、安全、专业，不迟到、不早退、不旷工，上班时要衣冠整齐、头发有型、精神抖擞、面带微笑。

3.工作中以身作则，技术上精益求精。遵守轮牌制度，尊重客人的要求，并应客户的要求为客人服务。

4.为顾客提供专业的发型知识、形象设计造型、服务。

5.及时收拾本人工作工位的工具，清洁卫生，物品摆放整齐。

6.协助配合店内营销、促销计划的实施。

7.服从主管的管理调配及工作安排，每年外出学习进修一至二次。

8.准备规定的工具及产品，参与每周一次的发型师发型会议，认真完成每周作品的拍摄 。

（三）技术总监的工作职责

1.全面负责技术部分的工作，直接对店长负责，参加公司发展战略和计划的制订。

2.按时参加公司会议，将工作落实到位，加强队伍建设和管理。

3.现场协助发型师设计发型，对店内发型师进行定期培训。

4.定期做好美发技术的引进与发布以及最新流行信息的收集。

5.参与发型师的年度考核，负责店内各项技术教育的规划与推动。

6.参与并主持每周一次的发型师会议，具有编排培训教材的能力。

7.分析发型师目标业绩及投诉率，并制订解决方案及计划。

8.负责店内各项技术教育的规划与推动，对外技术研习观摩，做好店内定期美发技术的引进与发布。

9.负责店内技术升级的鉴定。

10.制订实习发型师、初级发型师、中级发型师的学习计划与考核标准。

11.协助店长（经理）对实习发型师的培训工作。

（四）前台主管岗位工作职责

1.直接对店长负责，严格遵守美发店各项规章制度，遵守与财务相关的法律法规。

2.严守财务机密，维护美发店利益，不得泄露店内的营业状况和顾客资料。

3.熟练掌握收银台各项环节的工作，能迅速解决收银中所发生的各种业务上的问题，做到准确、迅速、无差错。

4.上班前检查好电脑终端运行情况及准备好所需的单据、促销卡、零钱等，以保证收银工作的顺利进行。

5.记录好员工对产品的销售情况及妥善保管好顾客交存的物品。

6.做好数据登记和填写相应报表，做到账单（银）相符，账务相符，对经手账务全权负责。

7.当店长及助理主管不在店面的情况下，前台主管有权行使店长及助理主管的职责。

（五）前台接待人员的工作职责

1.负责接待进店咨询或消费的全部顾客（图2–1–1）。

2.负责给美发师排班，检查店内卫生，给顾客安排服务位置和安排美发助理，使用礼貌用语询问顾客需求，介绍店内情况，根据顾客的需求进行安排。

3.为顾客倒水、指引，协助顾客存好衣物。

4.接听电话，登记顾客的预约电话，给顾客答疑解惑。

图2–1–1　接待顾客

5.负责收银和做好财务收支登记，填好账目。

（六）美发师助理的工作职责

1.主要任务是在美发师的指导下为顾客提供美发服务，能按照美发师的指示完成工作内容，并根据操作规程进行工作。

2.在操作过程中要及时听取顾客对服务的反应，以此按照顾客的要求进行调整，达到顾客满意为止。

3.相关辅助工作完成后，请顾客回到美发座椅上，由美发师继续为顾客服务，助理在旁边做辅助工作，倒水、递杂志给顾客。

二、任务实施

将同学们分为6组，每组8人，每组设1位组长，其余几人分别饰演顾客、美发师、店长、技术总监、美发助理、前台接待等。组长任导演兼计分员，给每位组员打分，教师巡视，最后做教学小结。

三、任务拓展

熟记美发从业人员各岗位的工作职责。

任务二　美发服务的接待流程和方法

任务目标

本次任务旨在让学生了解美发服务的接待流程和方法。

任务描述

美发从业人员每天都需要跟不同的顾客打交道，所以对本行业的服务接待流程和方法要详细了解后才能更好地做好服务。

一、知识准备

（一）接待流程

1.站门：站门分双人和单人，通常来讲，双人站门时最好呈45°角并面向门口，熟悉店内整个环境（图2-2-1），以便引导客人到适当位置就座。站门的人员也可以向准备进店的顾客说：“先生您好”或“小姐您好”。

2.带位：当客人进门时就应该说接待用语（图2-2-2），同时将门拉开说：“欢迎光临XX店，先生、小姐请问几位？”

3.“里面请进”，“请跟我来，请这边坐”，在顾客经过其他员工身边时，每位员工都要跟路过的顾客打招呼。若客人有穿大衣外套、背包、带雨具时应将其放在挂衣处和存包处，并告知客人将贵重物品拿出来，如手机、钱包、重要的文件等。

4.帮客人拉出椅子说：“小姐（先生）请坐。”并配合手势（图2-2-3）。

图2-2-1　站门

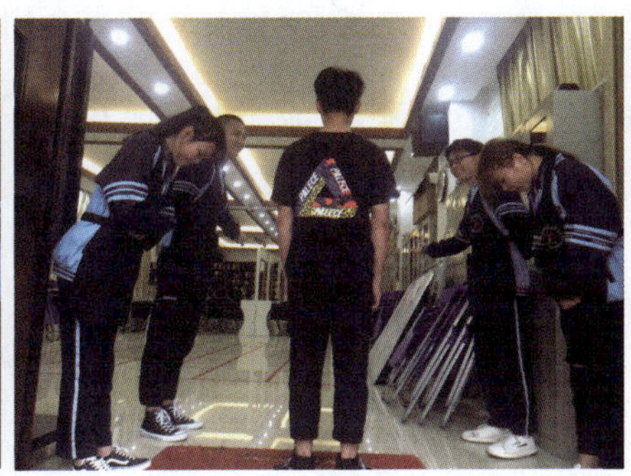

图2-2-2　迎客带位

图2-2-3　引导顾客落座

5.使用礼貌用语："小姐（先生）您好！我是本店3号美发助理师，我叫XX，很荣幸今天由我为您服务，这是本月最新的美发杂志。"并将杂志双手递于顾客手中，接下来就要问："小姐请问您是喝红茶还是开水？"开水通常以温水为宜，递水时一般站在客人左边，右手在下，左手在上递于客人手中。通常讲："小姐，这是您的开水，小心烫。"

6."小姐请问您今天需要做什么项目？想重新做一个造型吗？那您有指定的发型师吗，没有的话，我帮您介绍一位很不错的发型师，请您稍等，我去请发型师过来，让你们先认识一下好吗？"与顾客沟通时，中间稍有停顿，让发型师准备发型图册和最新的发型资料。发型师必须要在一分钟内到达顾客身边，指定与不指定客均应如此。"小姐，这是我刚才向您介绍的发型师，他叫XX。"

7.不论新老顾客发型师都要为顾客分析发质，选用对顾客头皮适合的洗发水，并分析发型，离开前要留下个人发型图册（图2-2-4），方便顾客参考喜欢的发型，以便于等会沟通使用（参考发型师一分钟到位服务方式）。

图2-2-4　与顾客沟通发型

8.当助理或者是设计师为顾客设计完成时应主动热情地带客人到收银台，当顾客买完单时，助理要对客户说："您对我今天的服务满意吗？如有服务不周之处还望多多指点，我会虚心接受。"发型师问："小姐，我为您设计的造型满意吗？对今天的服务您有意见吗？请您提出宝贵意见，以便于下次我们改正，XXXXXX是我们店的电话号码，欢迎下次带您朋友一起来，我们店期待您的再次光临！再见！"

（二）洗发流程

1.助理为客人在脖子上放好毛巾，围毛巾之前要站在客人左边75°角并弯腰，距离一步半空间，并用商量的口吻问顾客："我现在要为您洗发，防止待会泡沫落在您的身上，可以将您的衣领松一下吗？"当得到客人允许后才能放毛巾，注意保持毛巾左右长短平衡，将毛巾的一边折合为衣领宽窄，然后连同领子一起向内折，必要时放一张塑料布防止泡沫将领子浸湿，最后在毛巾两端夹上鸭嘴夹。

如遇上客人戴眼镜，应客气请其拿下，放置于准备好的空眼镜盒内或不易滑落的安全处，并告之客人即将为其洗头的信号，如"麻烦一下，请您坐正，头微微抬起"等（图2-2-5、图2-2-6）。

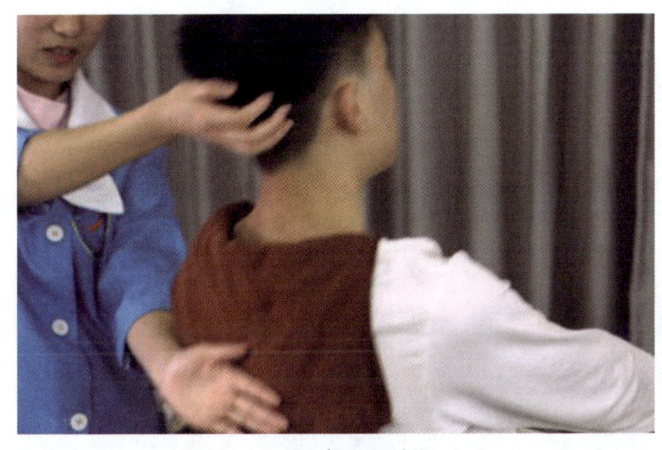

图2-2-5　帮助顾客抬头

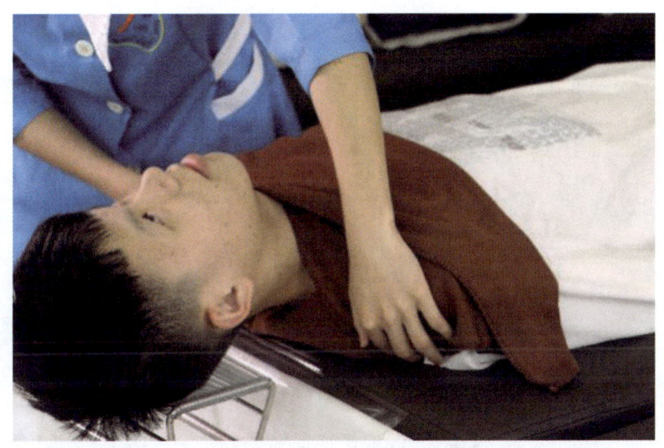

图2-2-6　给顾客垫好毛巾

2.在洗头发之前，应仔细观察客人的头皮是否有破损或不适之处，再判断发质类型，针对发质情况建议客人使用适合他（她）发质的洗发水，并站在客人的立场上思考，提出若干中肯的建议，语调要自然亲切。

3.不可以一边洗头，一边和同事交谈或者左顾右盼、心不在焉，勿谈论别人是非及公司经营等敏感话题。

4.在洗头的过程中，要问顾客："对不起，请问会不会太重或者太轻，若太重或太轻的话，请告诉我一下，谢谢"，"请问还有哪里需要加强的吗？"应注意泡沫不可漂出，若沾到客人衣服或者杂志上应立即道歉并擦拭干净。

5.至冲水室时，协助客人躺下后，垫上塑料纸，扶住客人的头，调整要舒缓，以手腕内侧测试水温（切勿用手掌试水温），手握喷水边缘，沿发际线冲洗一遍，水跟着手边抓边洗。

注意呼吸气息切勿触及客人脸部。最好先戴上口罩，与客人脸部保持30厘米以上距离。冲洗后先让客人躺着，然后将头发挤压擦干，用一条毛巾包头发，避免水珠滴下，将客人引导回座位，再以指压按摩或擦干头发。

6.按摩时，重点在颈肩及脊椎两侧肌肉，手势缓而沉，随时调整客人坐姿。按颈时，以一手扶住客人额头，尽量不让客人的身体有太大晃动，切记用蛮力或按摩速度过快，越是肌肉结实的客人越是要手法缓和，逐渐渗透，让客人达到放松的目的。

在按摩的过程中，尽量与客人沟通，甚至可以向客人请教一些其他方面的知识，以换取客人对你掌握的美发知识的尊重，达到对等沟通。通过按摩和对话，达到心理上和生理上的双重放松，为下一步工作做铺垫。

（三）吹风造型流程

1.顾客洗头完毕后，助理先将顾客带回座位，站在顾客右前方斜45°角处，此时发型师来到助理后方，助理此时说："XX小姐，您好！这是我们店的2号发型师XX，接下来由他为您吹风造型。"发型师鞠躬45°角说："XX小姐，您好！我是本店2号发型师XX，很荣幸今天由我为您服务！现在可以开始了吗？"经过XX小姐的同意后，说"XX小姐，我先将您头发上的水分吸干一些好吗？"然后打开毛巾，轻擦头皮，再将毛巾包裹头发由发根边捏边退向发梢，直到不滴水，切记不能揉搓头发，这样会导致头发表面毛鳞片脱落，发尾打结。

2.将一条毛巾轻放于顾客肩上，注意摆放对称，这样可以预防湿发影响顾客的衣服，然后用手拨开湿发，拨开时，站到顾客侧前方，吹风机斜吹向后送风，这样可以避免吹风机向前吹发梢吹到顾客面部，边吹边与顾客聊天，将头发吹至八成干时问："XX小姐，我现在为您吹风造型好吗？"拿梳子、夹子，先分出U字区后说："XX小姐，您的头顶比较平，我分区时将头顶区缩小，这样就可以修饰到您的头顶部。"

区域分好后（图2-2-7），从水平线以下起吹，说："XX小姐，在您颈背线这里的头发，我用小一号的圆滚梳帮您做造型，这样吹出来的花形就有弹性，比较持久一些"。吹到水平线以上时，说："XX小姐，上面头发我会用大一号的梳子，这样花形会比较自然，根据您的气质一定会很漂亮"。吹到侧部区域时，说："XX小姐，根据您的脸形看，非常的标准，所以我准备使侧部花形卷度流向后面，这样可以打开您脸部轮廓部分，这样会更漂亮"。吹到顶部时，说："XX小姐，这里我为您制造一些蓬松度，这样可以修饰到您头顶部的效果"。

图2-2-7 吹风造型

3.吹风完毕后，说："XX小姐，我用这个造型产品帮您做造型好吗，这样这款发型会更加完美，因为适合的造型产品可以让发型更显质感"。这是为卖造型产品做前置引导。然后拿上一面镜子说："XX小姐，您这样可以看到后面的花形，真的很漂亮，感觉怎么样呢？"

4.轻轻拿掉毛巾，说："XX小姐，这款发型非常适合您，我现在教您一些保护它的方法，不要用密齿梳去梳，不能让水沾到头发上面，不然会影响到它的卷度及整体效果"。此时还可以介绍卷发和直发的不同效果，讲解大花如何在头上保持卷度的持久性，同时又可以为烫发传播前置引导。

（四）剪发流程

1.当客人坐好后，围上毛巾，双手持拿围布上端侧前方，两手高度不得高于顾客下巴。从正前方给客人围上剪发围布，不要站在客人身后抖动围布。

2.用手掌给客人按摩头部，轻声询问洗发是否舒服，同时了解客人头部骨骼形态，此时可询问客人是否挑选出发型册中的几款发型，然后结合客人的头型、脸型、毛发生长等因素与客人沟通，设计出适合客人个性的发型。根据客人消费水平，抓住客人消费心理，建议客人的发型结合烫发表现整体效果，沟通时应站在客人的立场为其设计，语气要亲切。

3.取下毛巾，头发在梳通区域划分时，要求分线清晰，无散落碎发。

4.裁剪发型时，可以用自言自语地方式讲解裁剪过程（图2–2–8），动作自然洒脱，不可与同事交谈，或左顾右盼、心不在焉。

图2–2–8 修剪发型

5.结构裁剪完成后做发量调整和纹理化处理，在头发半干不干时，抓出造型，并教客人在家里打理的技巧。

6.依发型设计，利用吹风机整理造型，使用发蜡或其他造型产品固定，可在此时为造型产品做出购买引导。

7.在设计师操作完成且客人满意后，为客人取下围布毛巾，并由发型师亲自引领客人至前台结账，说：“谢谢惠顾，期待您的下次光临”。送走客人后，回原座位，将椅子推进去，最后把柜台、座椅清理干净才算完成此单。

（五）烫发服务流程

1.当客人坐定后，先给客人围上毛巾（避免烫发水打湿衣领），再围上烫发围布（围围布时应注意，不可在顾客面前抖动围布，轻轻从后面平铺到顾客面前），依据顾客先前填写的烫发咨询卡、资料卡操作（发质情况、装饰品、头皮状况、毛发流向、发量多寡等）。

2.准备烫发所需工具以及保护措施，要将凡士林、肩托盘、棉条等放在触手可及的地方。

3.依照客人发质，开始上卷（如客人发质属于抗拒性，应先用烫前处理剂处理发质，受损发质可在烫前采取烫前护理），上卷时注意提拉发片角度（依头型骨骼来定）、发片形态、发片厚薄度，并在上杠过程中询问顾客卷杠力度是否过大，是否有拉扯头皮现象（图2–2–9），同时可一面操作一面讲解为何要如此上杠，又如何依据头型、发型，设计不同的卷度，这样可以引导顾客，让顾客更认同发型师的技术。发型师要在规定的时间内卷完，勿让客人久等，卷完后，用凡士林擦在耳朵后，围上棉条将药水盆架于颈部。

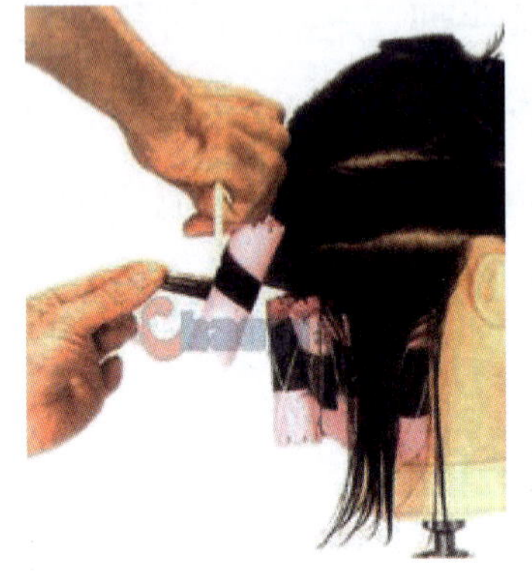

图2–2–9　烫发上杠

4.准备药水时，应先告诉顾客："小姐您好，麻烦您坐好，头先后仰一下，以免滴在您脖子和身上，谢谢。"开始上药水时，要拿住毛巾防止药水滴下伤到头皮，依烫发咨询单上的资料开始加热并注意控温。

5.加热期间，应在客人旁边守候，时常询问温度是否过热并注意加热机器是否正常运转（随时准备纸巾为顾客额头因加热产生的汗液擦拭）。同时，可与客人交流，以拉近彼此距离。若客人沉默，则离开片刻并为客人递上杂志避免客人产生浮躁心情，但不可离开客人视线范围，可以干一些清洁工作，但不能与同事闲聊。

6.时间到时，通知发型师开始试卷，试卷在不同的区域测试，看是否达到所需要的效果（如花形卷度不够则延长时间），试卷合乎要求后将试卷杠子重新卷回去，并将棉条、肩托盘拿掉，请顾客到冲水间将第一剂彻底冲洗干净（避免烫后头发干燥），将头发用毛巾吸干，带顾客到操作区坐好，并重新塞上棉条，将肩托盘置于颈部。

7.开始上第二剂，按第一剂要领分两次从下至上上药水，让头发充分吸收药水，停留时间为第一剂时间的一半（不超过15分钟）。

8.在药水停留期间，务必询问是否有不良反应，适当给客人按摩并留意茶水是否加满，随时加茶水并替换杂志。

9.第二剂停留时间到后，取下棉条并开始拆卷（拆卷时应螺旋下杠，不可在下杠过程中将发片残留药水滴在客人衣服或脸上，并避免与其他盛器发生声音），拆卷后，杠子应放在原处并摆好，保持操作区域清洁，不可将发纸扔在地上。

10.拆完卷后，先将发片的分片痕迹用手拨开，取下肩托盘，将顾客带到冲水间将药水冲净，涂上草酸或护发素，将护发素冲掉，再将顾客头发擦拭干净，用毛巾卷好，并带回操作区域。

11.请发型师为客人造型。在请发型师之前，请顾客稍候。

12.助理通知发型师后，立即回到操作区域，要告诉客人发型师到来时间（如果等待时间过长，应不时过去催一下发型师，不可在原处让顾客等待过长时间）。交代完毕后，应将烫发工具和残余物收拾干净，将工具放回原处。

13.发型师过来后，助理应在一旁等候，发型师开始造型，操作完成后，发型师手把手教顾客如何打理头发，并告知顾客如何保养头发，帮客人解下围布，客人满意后，让客人填写一份服务质量卡。如果客人刚才脱下了外套，助理现在应该先把客人衣服拿在手上或帮客人穿上，再由发型师引领顾客到前台结账。客人结账后送顾客出门，并加再见手势，说："谢谢光临，欢迎下次光临！"

（六）染发流程

1.注意事项

（1）因为染发为化学药品类操作，所以应该谨慎对待。

首先，要做头皮测试或询问顾客有无过敏史；其次，观察顾客头皮有无瘀伤、其他发炎或异常现象，确定无异常后方可开始染发作业。

（2）操作时注意不要将染膏沾到头皮、衣物、地板、桌椅上，因为这种有色药品不易清洗。

2.操作流程

（1）当客人坐好后，助理为其围上护领及围巾(为防止染膏沾到顾客衣物)之后，询问客人有无指定的发型师，若无，请头牌位的发型师来与客人沟通。

（2）发型师和助理同时与客人沟通，以发型师为主，助理为辅。先根据客人需要，建议适合的头发颜色，紧接着拿出色板给客人看所建议的色彩效果或将顾客带着看同事头上的头发颜色。(此时可说：“这是我为您特意调配的……”)

（3）检查发质及发原色状况，选定合适的染发方式。

（4）交代助理准备所需产品及器具。发型师要确定染膏及双氧乳比例，一般不需洗发，因为要保留头皮表面的酸性保护膜。若客人头发上油污较多或有啫喱水、发油等饰发品，应先请助理带客人洗头，并提示助理：“选择适用的洗发水，洗发时要避免‘抓’‘搓’头皮，以便保留头皮上的油脂。”

（5）由发型师亲自调配染膏，助理应该在旁边注意流程，若不懂应发问，以达到学习的目的。

（6）染膏调好后交给助理，在即将操作时应切记再次提醒助理仔细操作。

（7）助理在上染膏之前；应先在客人发根1.5cm处，均匀涂抹隔离霜，或者凡士林油，以免染膏沾到皮肤上；染发前穿上工服及戴上手套操作。

（8）助理在染发时，应按教学所规定的发片长度，用染发梳一片片小心翼翼地染，切勿操之过急或疏忽而造成伤害。

（9）染膏刷完，若为护发染，应请示发型师需用蒸气加热的时间及温度，通常约为30~35分钟。若为一般染发，只需请示发型师需停留多长时间，通常约为20~40分钟，不必加热。

（10）若客人为长发，在停留加热的时候，怕头发上的染膏沾到其他皮肤上，应塞上棉条。

（11）在停留加热的时候，若有空闲，发型师应带助理再次与客人交流，询问客人的感觉，是否会有不适，同时告诉客人染发的相关常识，并推荐相关护理产品。

（12）时间到了，助理在旁边观看，设计师亲自检视上色状况。

（13）达到所需颜色效果后，若为永久染，需先用温水喷湿，按摩头部数分钟(目的为使其定色、均匀以及达到清洁头皮上染膏的目的)。随后，小心地把隔离霜或凡士林擦掉，并且由助理为其冲洗。

（14）先将头发用温水冲洗，洗净残留染膏，助理使用酸性洗发水为顾客洗头，应提醒顾客酸性洗护的重要性。

（15）引导顾客回座位后，发型师给顾客吹风造型。

（16）教给客人日常打理方式，告知客人如何做好相应的保护措施以及下次回来补色的时间。

（17）客人结账后，集体送客，并说："欢迎下次光临！"

二、任务实施

1.将同学们分为6组，每组模拟其中一种接待流程，每组设1位组长负责组织与评分，其余同学分别轮流扮演顾客、助理、技师、发型师、大堂经理，模拟本组顾客到店的接待流程。

2.教师巡视，最后做教学小结。

三、任务拓展

熟记每个岗位人员的服务操作流程，接待时要彬彬有礼、态度端正。

任务三　美发服务质量标准和技术管理制度

任务目标

本次任务旨在让学生了解美发行业的服务质量标准和美发行业的技术管理制度。

任务描述

每个行业都有一个服务的质量标准和管理制度，本次任务主要讲述美发服务质量标准和技术管理制度。

一、知识准备

美发的服务质量除了美发店里的所有操作项目外，还包括美发店营业场所的装修，以及使用的产品、服务流程和服务态度等。一个企业的服务质量关系着这个企业的发展，如果自身的服务做得不到位，就不能赢得客户和整个行业的口碑，所以企业的服务质量是企业的生命线。

（一）服务意识的要求

1.首先要加强每一位员工的服务意识和学习先进的服务理念，只有思想上重视服务礼仪常识，不断地灌输服务要求，行为上才能有所改变。

2.要重视换位思考的服务理念。在服务顾客的同时，不要一味地去向客户介绍产品和项目，要以客户的需求点为主，站在客户角度去为他们着想，并提出自己的建议和看法。

3.售后的跟踪与调查。要定期地回访客户，把客户的意见和建议及时反馈给上级主管，赢得回头率，变被动服务为主动服务，从细节抓起，做好每项工作。

4.提高工作人员的责任意识。没有责任感的人员，再有水平的技术也不会达到顾客要求的满意度，所以提高服务品质首先要对自己承担的工作充满责任意识，了解工作范围内的一切知识，服务质量自然就会提升。服务时需要各部门人员团结协作，完成各个环节之间的服务，只有给顾客留下好印象，服务的品质才会提高。

（二）在技术管理制度上的要求

1. 技术人员必须在技术达标并考取相关从业人员资格证书后方可上岗。美发技术人员也要经过等级考核，才能上岗，技术符合哪个岗位的标准就在哪个岗位上岗。

2.制定好每个工序为每个项目的技术标准。操作人员要根据每个项目的具体操作流程有序操作，保证服务效果和质量。

3.设立专门的物料和项目管理人员，避免偷工减料和物料的浪费。

4.定期对技术人员进行培训和考核，建立人员技术等级档案，把工资和技术、服务质量、客户回头率挂钩。

5.搞好团队建设，保持员工的相对稳定，这对店面客流的相对稳定和保持本店的技术特点有重要的意义。

二、任务实施

1. 将学生分成两组，假设全班经营一家美发店，两组分工合作，一组进行服务质量标准的制定（参考任务二中的服务接待流程），另外一组进行门店管理规章制度的制定（参考任务一中的各岗位职责），最后汇总意见，完成一个美发店运营所需要的服务质量标准与技术管理制度。

2. 教师巡视，最后做教学小结。

三、任务拓展

课后收集国内外在行业内评价较高的美发店的服务质量标准和技术管理制度，对比课堂小组作业，进行完善。

任务四　公共关系基本常识

任务目标

本次任务旨在让学生了解公共关系起到一种传播沟通的职能。

任务描述

由于美发行业的不断发展和繁荣，对国内外的交流也日益增多，了解美发企业所建立的公共关系对行业竞争中的生存和发展起着至关重要的作用。

一、知识准备

（一）公共关系

公共关系也叫公众关系，它是指组织与公众环境之间的沟通与传播关系。它能够促进公众对组织的认识、理解及支持，达到树立良好组织形象、促进商品销售的一系列公共活动的目的。它既是一门艺术，又是一门社会科学，起到一种传播沟通的职能。

（二）美发行业在公共关系中扮演的角色

1.在人民群众中树立良好的企业形象，扮演城市人群美的使者。美发场所高雅、有品位的装修，齐全的设备，整洁、舒适的环境，员工的规范服务与高超的技艺，合理的收费等都是企业树立其良好形象的名片。

2.公共关系还包括美发行业做好企业的对外宣传交流工作。美发企业中每位员工除了做好自己的本职工作外，还应利用各种方法对企业做好宣传工作，提高本店的知名度及纳客率，增加大众的亲和力，为本企业在行业内树立良好的职业形象。

3.美发师在与顾客交往的过程中需要跟顾客沟通交流，以此传递信息及新的资讯。在经营中要面对面地接触顾客，美发师的个人形象和个人修养都会在一些小细节中显现出来，因此文明的举止、礼貌的用语、热情的态度都会赢得顾客的信赖。拥有良好的服务环境和语言沟通，会较好地达到顾客的心理需求，以期为顾客提供更完美周到的服务。与顾客建立良好的业务关系，给顾客留下良好的印象，可以提高顾客的到店率，增加店内业绩的提升，而要达到这样的工作，均有赖于语言交流上是否讲求艺术的运用。

4.在与顾客沟通交流的过程中，除了语言是主要沟通手段外，语速、面部的表情语言和肢体语言等都会让顾客感受到美发师的真诚付出。美发师在服务的过程中仔细地观察顾客的面部表情，并且注意捕捉顾客面部的情感信息，可方便地了解顾客的心理变化和满意程度，从而为其提供优质服务。

公共关系学是一门具有独立性、特殊性、专业性的学科，它在美发行业的运用是一个新的研究课题。美发师由于入门门槛较低，受旧观念的影响较多，对美发项目有时没有合理收费，因此美发师的整体素质提高应引起行业内的高度重视。获取舆论的支持及认可是需要通过树立良好的形象去影响和感染大众的。

二、任务实施

1.将学生进行分组，每组6人，每组设1位组长，其余几人分别饰演顾客、美发师、店长、技师、助理、大堂经理等，模拟顾客到店后由于服务不周导致出现投诉的现象时，店长和所有相关人员的应变反应。组长组织好组员进行模拟，组长兼计分员并给每位组员打分。

2.教师巡视，最后做教学小结。

三、任务拓展

1.如果你是店长，当出现顾客因为店员服务不周的情况时，你会怎么处理?

2.由于店员对业务的不熟悉，导致顾客流失，你作为店长该如何挽回局面?

项目三

美发工具、产品、仪器设备的认识

任务一　美发工具的认识

任务二　美发产品的种类和作用

任务三　美发仪器设备的使用与维护保养

任务一　美发工具的认识

任务目标

本次任务旨在让学生认识各种美发工具,了解其分类与功能。

任务描述

美发工具是发型师的好帮手,本次任务为同学们介绍发型师在日常的工作中所使用到的工具,以及分类与用途,需要同学们认真地进行学习与区分。

一、知识准备

（一）修剪工具的种类及用途

1.剪刀

常用的剪刀有直剪刀和牙剪刀。修剪头发时它们起着不同的作用。

（1）直剪刀：它是剪断头发最有效的工具，用它剪断的头发边缘整齐平整（图3–1–1）。

（2）牙剪刀：用牙剪刀剪出的头发有长有短，十分明显。尺距密的牙剪刀剪出的头发纹理细腻，尺距宽的牙剪刀剪出的头发纹理粗糙（图3–1–1）。

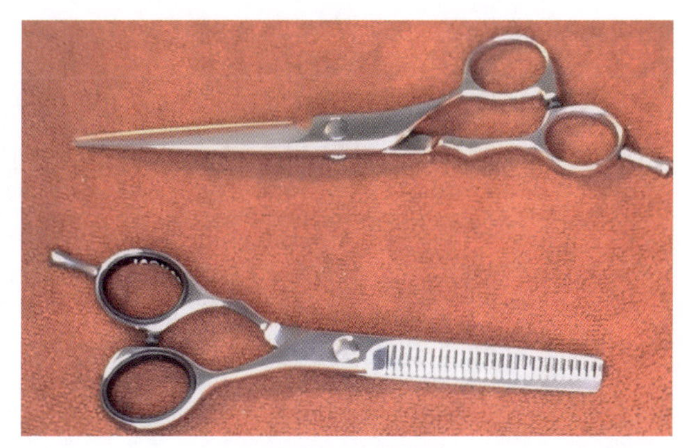

图3–1–1　剪刀

2.削刀

用削刀修剪的头发过渡自然，看上去线条柔和（图3–1–2）。

3.电推剪

电推剪是推剪整齐发丝常用的工具（图3–1–3）。

4.梳子

梳子是头发造型的工具，包括剪发梳、超薄梳、

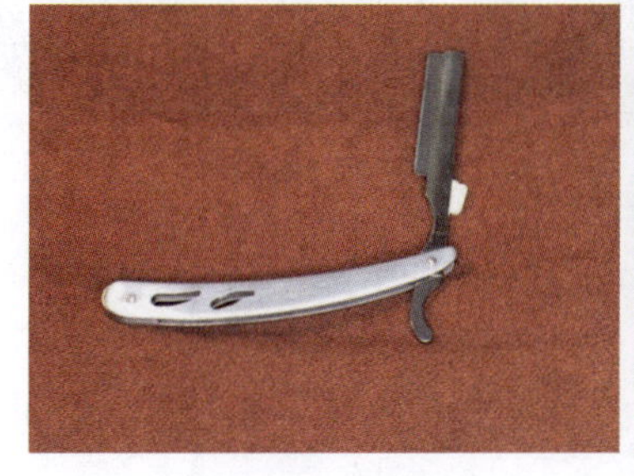

图3–1–2　削刀

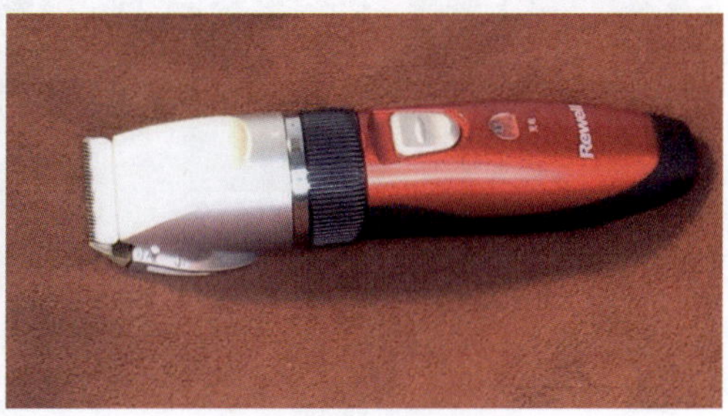

图3–1–3　电推剪

纹理梳等，我们可以根据头发造型的需要选择不同的发梳。

（1）女发梳：它是配合剪刀使用的，它的梳尺一边宽一边窄。宽的一边是用来分线的，窄的一边是用来梳理的，它是剪发的理想用梳（图3–1–4）。

（2）男发梳：梳身小巧轻薄，常用来配合电推子，推剪贴在头皮上的头发（图3–1–5）。

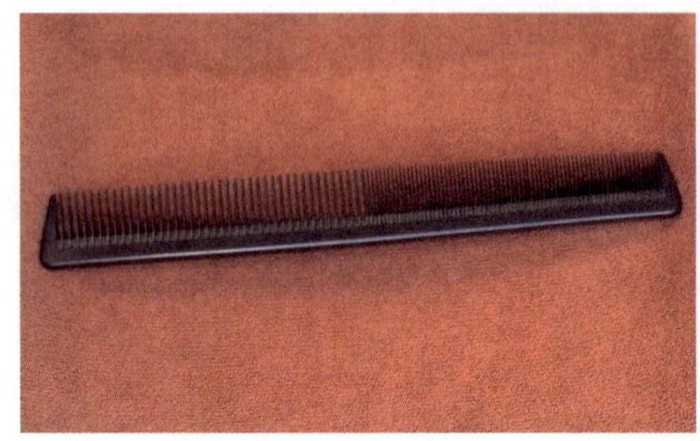

图3–1–4　女发梳

图3–1–5　男发梳

5.发梳

发梳是配合吹风机做造型时使用的一种梳理工具。

（1）九排梳：这种发梳梳尺较密，是由九排梳尺组成，所以称九排梳。由它梳理吹风过的头发，发丝细腻柔和，表面光滑直顺，增加了发型的亮度（图3–1–6）。

（2）排骨梳：它的梳尺较稀疏，背部像排骨状，所以称排骨梳。由它梳理配合吹风机能打造出自然活泼而又动感的发型（图3–1–7）。

（3）圆滚梳：由粗细呢绒针刺或棕毛制成。其发梳本身圆滑，所以称圆滚梳。通过这种发梳在头发上旋转会使发型呈卷曲状，增加动感并富有弹性（图3–1–8）。

图3–1–6　九排梳

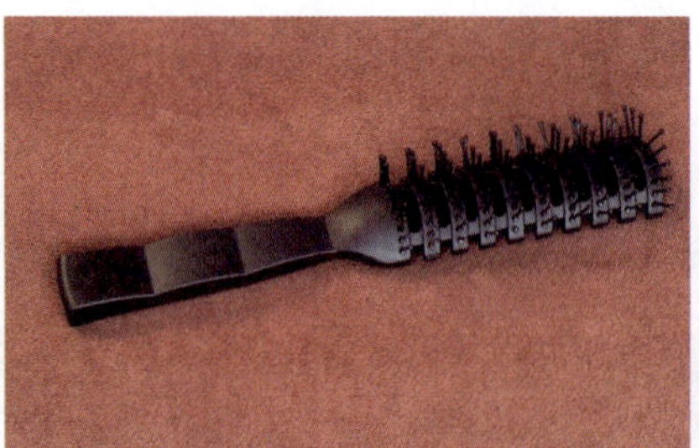

图3–1–7　排骨梳

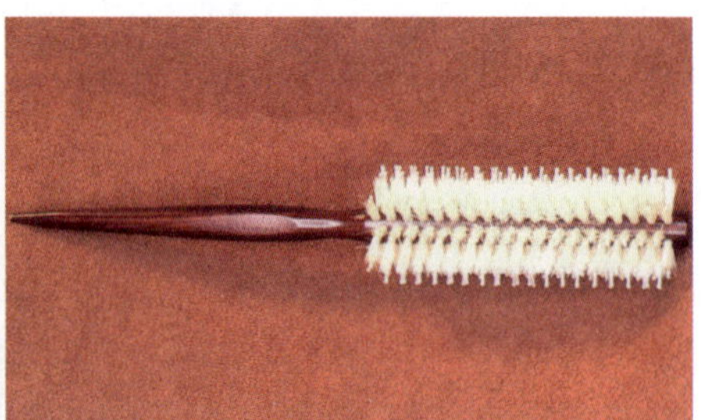

图3–1–8　圆滚梳

（二）烫发工具的种类及用途

1.烫发杠

烫发杠有许多种，用它可以烫出不同的发卷。根据头发的长度和顾客的要求，可以烫出波浪形，也可以烫出螺旋形（图3–1–9）。

2.尖尾梳

这种发梳一端是尖尾状，另一端是梳尺状。用尖尾端分出一片头发后可直接用梳尺端梳理，这样可以减少不必要的操作环节（图3–1–10）。

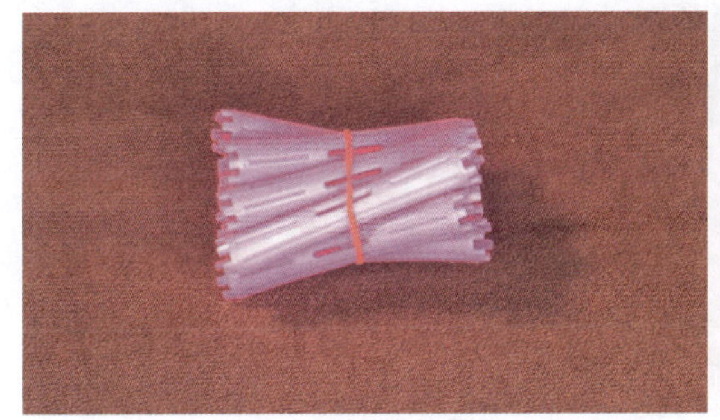

图3–1–9　烫发杠

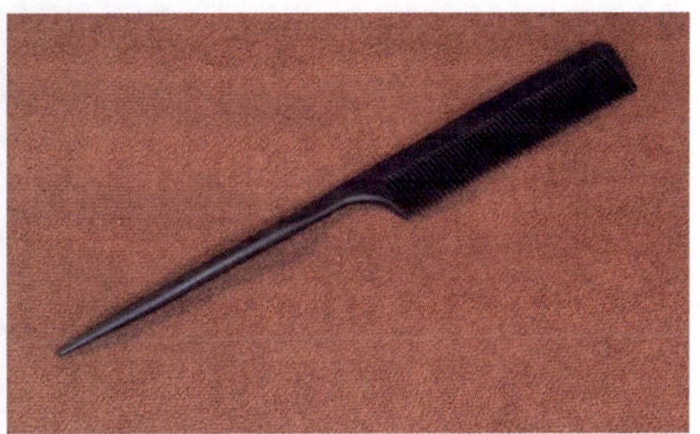

图3–1–10　尖尾梳

3.棉纸

棉纸是一种多孔性的发纸，渗透性强，可以帮助头发均匀地吸收药水。使用时用棉纸包住头发的末端，使长短不一的头发平整易卷（图3–1–11）。

4.肩托盘

肩托盘是一种凹形的托盆，在使用烫发药水时将它放在顾客的颈部以防止烫发药水流落到顾客身上而弄脏衣物（图3–1–12）。

图3–1–11　棉纸

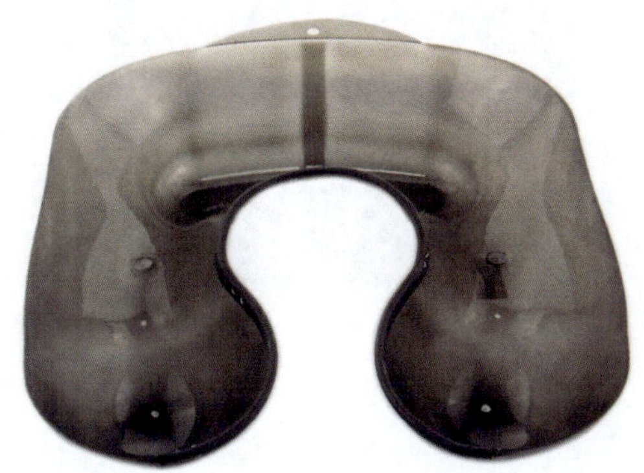

图3–1–12　肩托盘

（三）漂染工具的种类及用途

1.染发刷

染发刷是一种集尖尾梳、发刷为一体的染发专业工具，在染发时首先用尖尾端挑出一片头发，然后用发刷端将染发剂涂抹在发片上（图3-1-13）。

2.染发碗

染发碗是一种用来盛放和调试染发剂的容器，里面有刻度，方便掌握用量及调配比例（图3-1-14）。

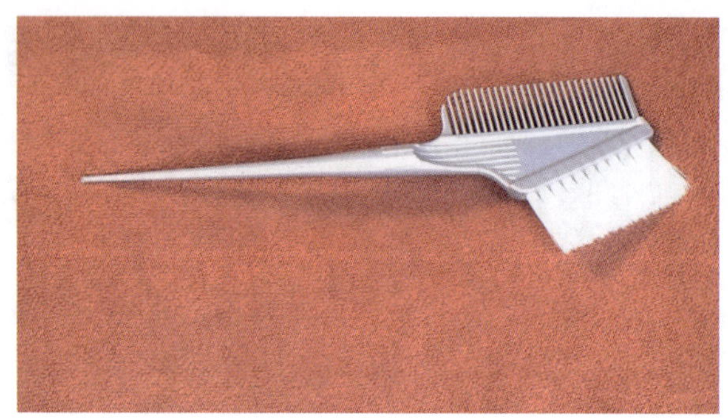

图3-1-13　染发刷

图3-1-14　染发碗

3.手套

手套是美发师在染发时使用的工具，以避免手直接接触到药剂而产生过敏反应。它分为胶片手套和一次性塑料手套（图3-1-15）。

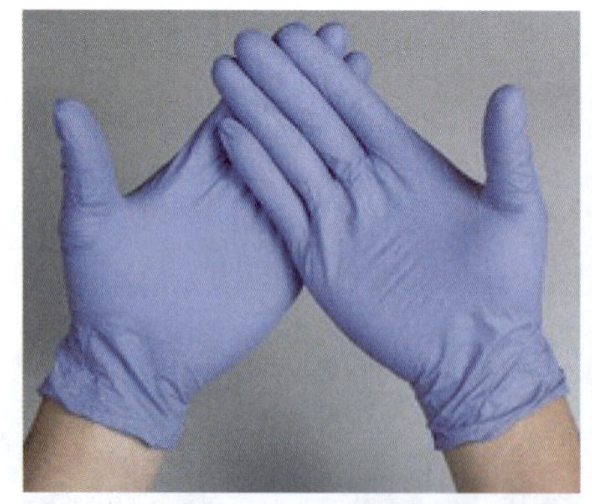

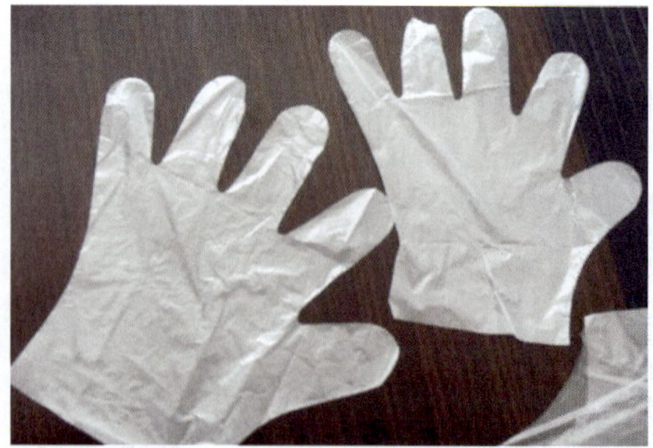

图3-1-15　手套

4.耳罩

耳罩是用来避免染发剂和漂浅剂直接接触顾客耳朵的一种工具，尤其是在染短发时更为适用（图3–1–16）。

5.染发披肩

染发披肩防水性好，在染发时围上它可以避免染发剂或者水弄脏顾客的衣物（图3–1–17）。

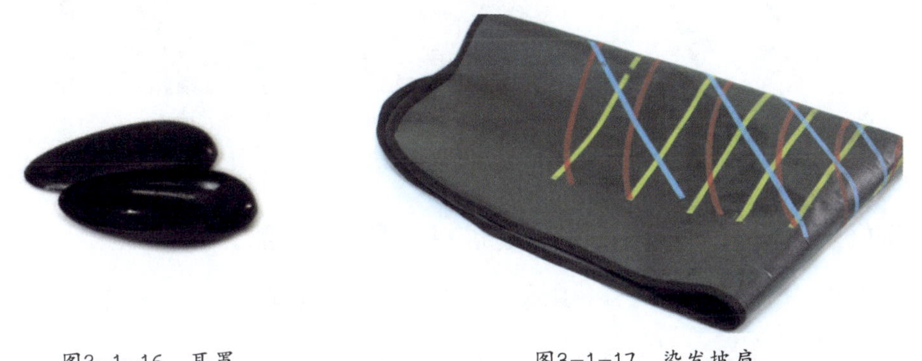

图3–1–16　耳罩　　图3–1–17　染发披肩

（四）其他工具

1.夹子

夹子是用来对头发暂时固定的一种工具，它有很多种，可以根据使用目的及头发的长度进行选择（图3–1–18）。

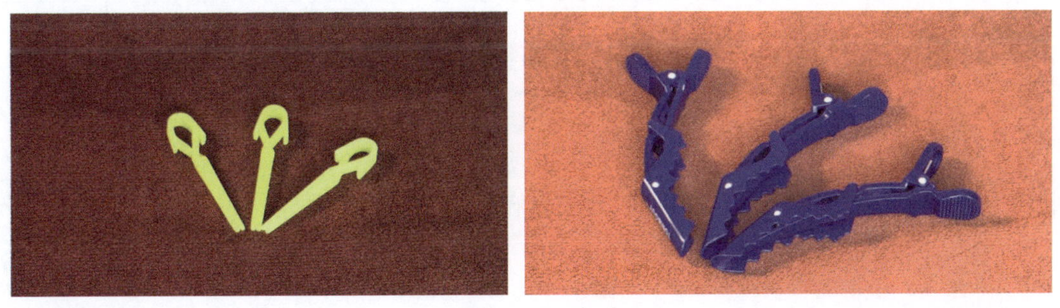

图3–1–18　夹子

2.钢丝发卡

钢丝发卡也是固定头发的一种工具，多用于盘发、盘卷的造型操作（图3–1–19）。

美发操作通常是在湿发的状态下进行的，用喷壶可以随时将头发喷湿，方便操作（图3–1–20）。

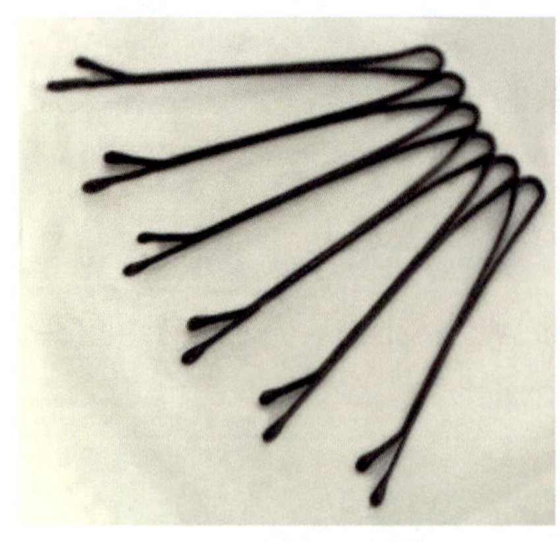
图3-1-19　钢丝发卡

图3-1-20　喷壶

二、任务实施

1.教师准备好上述提到的美发工具，随机将工具分为4部分。

2.学生分为4组，每组1位组长，组织小组成员合作完成以下任务（表3-1-1），由学生自评，小组长进行组内成员考核，教师每组抽查1位学生进行评分，时间为15分钟。

3.请根据今天上课所学知识完成以下任务（表3-1-1）。

表3-1-1　美发工具认识任务评价表

评价内容	分　值	学生自评	组长评分	教师评分
能准确说出美发工具名称（10分/个）	50			
能说出美发工具的用途（6分/个）	30			
能准确分类（分类全对才得分）	20			

三、任务拓展

在网上查阅本任务所学美发工具中适用于初学者且性价比高的品牌，了解美发工具的价格。

任务二　美发产品的种类和作用

任务目标

本次任务旨在让学生认识美发产品，了解其种类和作用。

任务描述

美发产品贯穿于整个美发服务中，是发型师非常重要的“伙伴”，因此学习美发产品的知识非常重要。

一、知识准备

（一）清洁护发类用品

1.洗发水

洗发水具有较强的去污能力，丰富的泡沫有利于冲洗（图3-2-1）。

2.护发素

洗发后用毛巾吸取水分，然后涂抹适量的护发素，停留3～5分钟后冲洗干净。用过护发素的头发会变得柔顺有光泽，还不易产生静电（图3-2-2）。

图3-2-1　洗发水

图3-2-2　护发素

3.焗油膏

焗油膏的营养成分能在加热的情况下渗透头发的内部组织，使头发得到滋润和修护。使用时用尖尾梳蘸取少量的产品涂抹在头发上，一边用发梳梳理，一边用手指配合发梳按摩头发。涂完一片后再涂下一片，每一层都要涂到，让焗油膏均匀渗透到头发中，把头发梳顺后用发夹固定，用毛巾沿着发际线围好防止加热时水分流失。戴上专用的塑料浴帽将所有的头发都罩在里面并接好送气口，打开电源设置到护发开关上。随着水蒸气的进入，塑料帽不断膨胀直到充满整个头发，停留15分钟后将头发洗干净。用过焗油膏的头发看上去有光泽并富有弹性（图3-2-3）。

图3-2-3　焗油膏

（二）烫发、染发类用品

烫发用品有冷烫液和定型液两种。

1.冷烫液

冷烫液能将角质蛋白之间的分子化学键断开，重新组合产生新的形状（图3–2–4）。

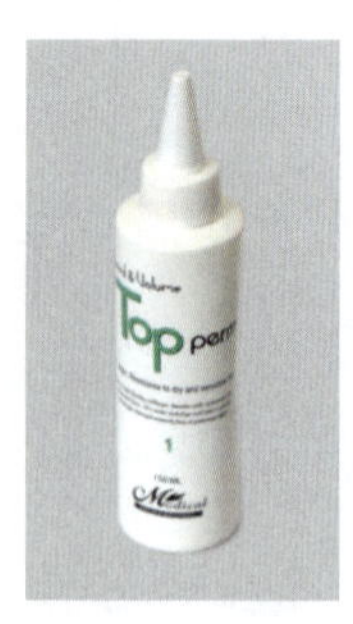

图3–2–4 冷烫液

图3–2–5 定型液

2.定型液

定型液能使角质蛋白结构变硬并固定其形状（图3–2–5）。

（三）漂发和染发类用品

1.漂浅剂

漂浅剂需要与双氧乳一起使用，将漂浅剂与双氧乳按一定比例调配成黏稠状。漂浅剂涂抹在头发上，会与头发发生化学反应，减弱并分散自然色素与人造色素，使原有的发色变浅（图3–2–6）。

图3–2–6 漂浅剂

2.染发剂

（1）永久性染发剂：它的色素颗粒可以通过头发的表皮层进入皮质层，在发生膨胀后留在皮质层里面，从而达到长久改变头发颜色的目的。使用时先与双氧乳按照一定比例进行调配，然后将混合物均匀涂抹在头发上，停留时间按照产品说明书的要求执行，最后用清水冲洗干净（图3–2–7）。

（2）半永久性染发剂：它的色素颗粒可以穿透头发的表皮层进入皮质层，不过每洗一次头发都会掉一些颜色，使用时直接涂抹在头发上，30分钟后将头发冲洗干净，这种染发剂只适合在较浅的头发上使用（图3–2–8）。

图3–2–7 永久性染发剂

图3–2–8 半永久性染发剂

（3）暂时性染发剂：常用的暂时性染发剂为彩色发胶，它的分子较大，可以覆盖头发的表皮层，洗2~3次头发就可以褪掉颜色，使用时将它直接喷在头发上就可以了（图3–2–9）。

3.双氧乳

双氧乳的主要成分是过氧化氢，通常要与漂浅剂或者染发剂一起使用，使用时将它与漂浅剂或者染发剂按照一定的比例混合，涂抹在头发上就可以了（图3–2–10）。

图3–2–9　暂时性染发剂

图3–2–10　双氧乳

（四）营养固发类用品

1.发胶

发胶属于气溶胶，它可以把做好的发型迅速固定，使用时将发胶摇晃均匀对准发型直接喷射，随后用吹风机烘干定型（图3–2–11）。

2.摩丝

摩丝是泡沫类的固发类用品，使用时将摩丝摇晃均匀，先挤在手中，随后涂抹在头发上，可以使头发潮湿、有光泽（图3–2–12）。

3.啫喱水

啫喱水可用于日常的头发定型处理，使用时可先将啫喱水直接喷在手中，然后用手抓摸头发，使头发呈现光泽亮丽的效果（图3–2–13）。

4.精油

精油可加入焗油膏内同时使用，也可以将头发吹至八成干后，用精油涂抹发中和发梢，修复受损的头发，使头发靓丽有光泽（图3–2–14）。

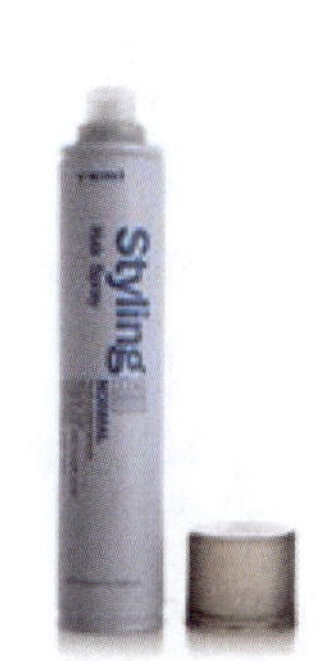

图3–2–11　发胶

图3–2–12　摩丝

图3–2–13　啫喱水

图3–2–14　精油

二、任务实施

1.教师准备好以上提到的12种美发产品，随机将产品分为4部分。

2.学生分为4组，每组1位组长，组织小组成员合作完成以下任务（表3–2–1），每位评分由学生自评，小组长进行组内成员考核，教师每组抽查1名学生进行评分。

3. 请根据今天上课所学知识完成以下任务（表3–2–1），时间为15分钟。

表3–2–1 美发产品种类和作用任务评价表

评价内容	分 值	学生自评	组长评分	教师评分
能准确说出本组美发工具名称（15分/个）	45			
能说出美发工具的用途（10分/个）	30			
能准确分类（分类全对才得分）	25			

三、任务拓展

寻找搭档，使用今天所学的洗护或者造型类产品为搭档服务。

任务三　美发仪器设备的使用与维护保养

任务目标

本次任务旨在让学生认识美发仪器设备，懂得仪器维护保养的相关知识。

任务描述

美发仪器在发型师进行美发服务的时候扮演着让顾客见证奇迹的角色，今天我们依然要好好地了解这些“好伙伴”，并且在它们“罢工”的时候，可以帮助它们重新“开工”。

一、知识准备

（一）常用美发仪器设备

1.吹风机

吹风机是烘干头发造型的主要仪器（图3-3-1），使用时用手握住吹风机的手柄，在吹风机手柄上有风量大小和冷热风开关，发型师根据所要设计的发型进行调档。调好风档后用发刷翻挑头发（热风可以软化头发，冷风可以对头发进行定型）。

2.电夹板

电夹板是美发造型常用的烫发仪器（图3-3-2），使用时先用尖尾梳挑出一片头发梳顺，然后配合电夹板由发根至发尾进行熨烫直到把头发熨直为止。经过电夹板夹过的头发表面光滑平顺，发型使人显得文静大方。

图3-3-1　吹风机

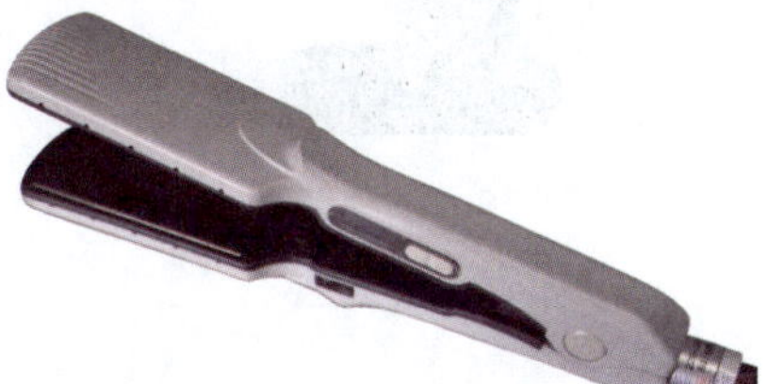

图3-3-2　电夹板

图3-3-3　电卷棒

3.电卷棒

电卷棒是美发造型常用的烫发仪器（图3–3–3），使用时先用尖尾梳挑出一片头发梳顺，然后配合电卷棒将发中、发尾烫卷，经过电卷棒烫卷过后的头发富有光泽和弹性，使人显得性感与成熟。

4.烘发机

烘发机是烘干头发的专业仪器（图3–3–4），在卷发后打开电源开关，调节好温度进行烘发，直到发卷成型为止，随后将发卷拆开梳理定型。

5.红外线加热机

红外线加热机是一种通过红外线加热的仪器（图3–3–5），通常在染发和烫发后使用，使用时先将设备安放在顾客头部上方，打开电源开关，调节好时间和温度进行加热，它可以使染烫用品均匀渗透进头发内。

6.烫发机

烫发机是一种美发设备（图3–3–6），分为陶瓷烫发机、数码烫发机、SPA烫发机、活氧烫发机和红外冷热烫发机，用得最多的是数码烫发机。

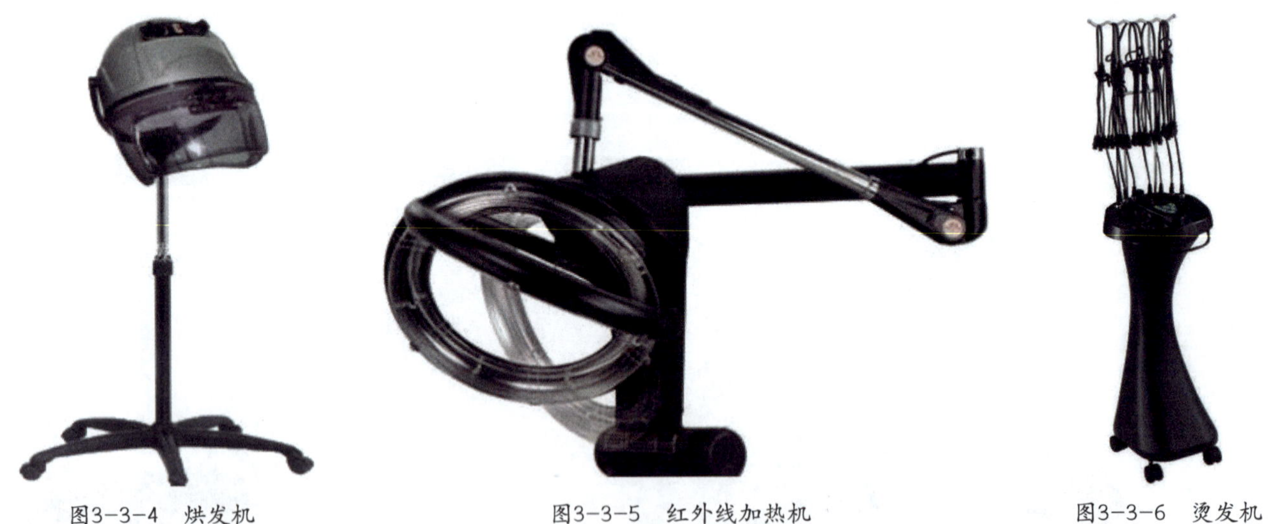

图3–3–4　烘发机　　图3–3–5　红外线加热机　　图3–3–6　烫发机

（二）维护保养

1.使用任何一种仪器设备之前，都需要认真阅读使用说明书，熟悉设备的作用及各按键的功能。

2.经过教师的训练后，严格按照步骤进行仪器的操作。

3.使用时要注意用电安全，需要加热的仪器不要烫伤自己与别人。

4.仪器设备使用完毕后，要及时进行断电，否则容易引发火灾事故。

5.仪器设备使用完后，要及时归位，定期用干抹布进行表面清洁。

6.依照说明书和保修卡定期对仪器设备进行检修。

二、任务实施

1.教师清点实训室仪器，将任务三所提到的仪器设备、使用说明书准备好。

2.学生分为5组，每组1位组长，组织小组成员合作完成以下任务（表3–3–1），由学生自评，小组长进行组内成员考核，教师每组抽查1位学生进行评分。

3. 请根据今天上课所学知识完成以下任务（表3–3–1），时间为25分钟。

表3–3–1　美发仪器设备的使用与维护保养任务评价表

评价内容	分　值	学生自评	组长评分	教师评分
说出本组仪器设备的名称与功能	50			
阅读该设备的说明书，简要概括操作步骤	30			
用干抹布清洁本组的仪器设备	20			

三、任务拓展

1.上网了解今天所学设备的市场价格、设备性能、常用品牌和型号。

2.将收集到的资料进行整理，记录在笔记本上。

3.选择一种设备，利用收集到的资料，在课堂上进行1分钟的设备介绍与品牌推广。

项目四

洗护知识

任务一　毛发的生理知识

任务二　头面部常用穴位的认识

任务三　中式洗头的操作流程

任务四　泰式洗头的操作流程

任务一　毛发的生理知识

任务目标

本次任务旨在让学生掌握毛发的种类、性质、特征及护发常识。

任务描述

发型师需要掌握好毛发的生理知识，这样才能在日常工作中出色地满足各类顾客的需求。

一、知识准备

（一）毛发的结构

毛发由人体蛋白质的硬化堆积、排列形成，属于角质蛋白。其中的成分包括：水（17%）、蛋白质（65%）、两千多种DNA、脂肪（18%）。毛发本身没有生命力，因此不会进行自身的修复与维护（图4–1–1）。

人体的毛发分为三层，分别是表皮层、皮质层、髓质层。表皮层是由许多半透明、呈鱼鳞状叠排的薄膜组成，一般为6～12层。表皮层作为头发结构中最外的一层，有保护毛发的

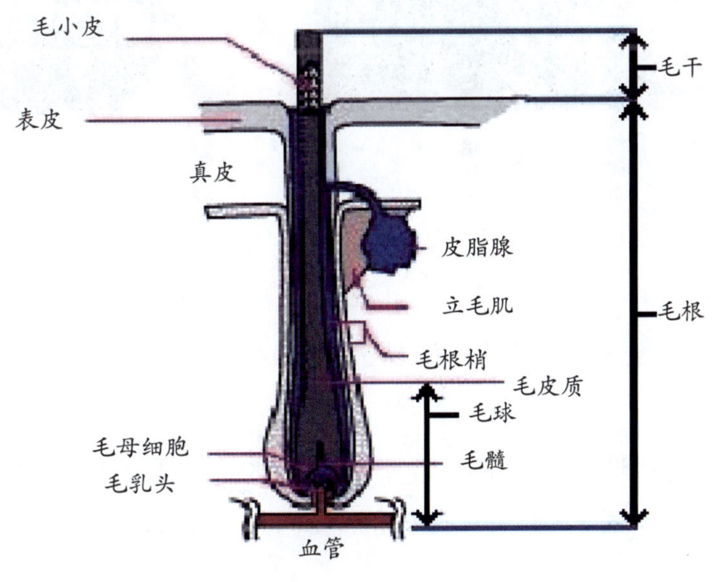

图4–1–1　毛发结构图

作用，并能使毛发有光泽、表面平滑。皮质层是由柔软的蛋白质及角化的菱形细胞构成，头发中的水分和色素主要存在皮质层内。髓质层位于头发的中心，由更柔软的蛋白质组成。

（二）毛发的生长周期

毛发的生长周期可以分为生长期、退化期、静止期三个时期。人的头发生长期一般为2～6年，平均每天生长0.27～0.4毫米，最长可以延续25年；退化期大约为几个星期；静止期约为4～5个月；最后头发就会自然脱落。正常人每天脱落50～100根头发，全头头发数量一般为10～15万根。

（三）毛发发质的种类

1.油性发质

油性发质最大的特点就是油脂分泌过多，通常一到两天不洗，头发表面就会泛起一层油光，此时需要用pH值偏高的碱性洗发水才能将头发中多余的油脂洗干净，油性发质容易产生油性头皮屑，因此拥有此类发质的人需要勤洗发才能改善发质（图4–1–2）。

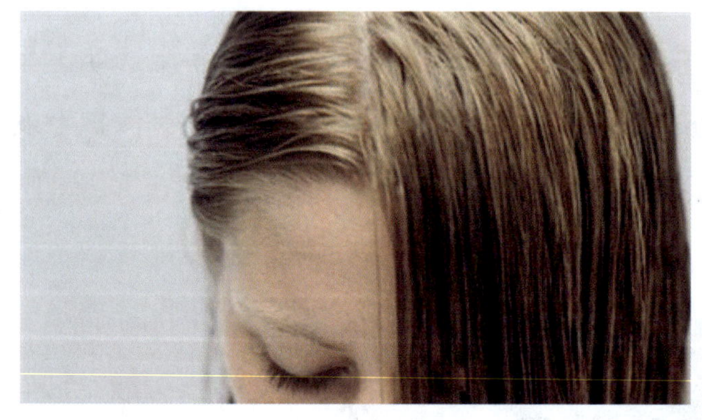

图4–1–2 油性发质

图4–1–3 中性发质

2.干性发质

干性发质缺少油脂和水分，发尾容易干枯和毛躁，与油性发质的特征相反。因此此类发质需要选用pH值偏低的洗发水，并且定期进行焗油和护理，以保持头发的光滑和水分。

3.中性发质

中性发质是一种最为理想的发质，既不干枯缺水，也不过分的油腻，发质乌黑光亮，富有弹性和光泽，是非常健康的一种发质（图4–1–3）。一般此类发质选用中性的洗发水即可。

4.受损发质

受损发质是由于物理或者化学因素导致的一种发质，一般指烫、染后的发质，表现为干枯易断、缺少光泽、发尾毛躁，需要用烫染专用的洗发水，并且定期要进行焗油护理，以加强对头发的保护（图4–1–4）。

图4–1–4　受损发质

二、任务实施

1.教师将本班同学分为4组，进行抢答比赛。

2.教师随机抽取本班学号，或者指定1位学生起立作为模特，宣布抢答开始，抢到答题权的同学需要尝试着对模特进行发质诊断并提出建议。

3.教师根据以下评分标准给答题的同学评分（表4–1–1），分数积累在小组中，积分最高的小组获胜。

表4–1–1　分析发质类型与特征任务评价表

评价内容	分　值	第一轮	第二轮	第三轮
发质类型是否正确	1			
此种发质的特征	2			
诊断建议	2			

三、任务拓展

1.人体毛发分为几层？分别为哪些层？

2.毛发的生长周期分为几个时期？分别为哪些时期？

3.毛发发质的种类分为几种？分别为哪几种？

任务二　头面部常用穴位的认识

任务目标

本次任务旨在让学生掌握头面部一些常用的穴位和简单的按摩手法。

任务描述

美发师在给顾客洗头的时候，会根据顾客的需求，用一定的手法来给顾客进行头部的放松，促进血液循环，缓解疼痛，达到放松身心的作用。

一、知识准备

（一）头部、面部穴位

1.头部主要穴位有神庭、上星、囟会、百会、后项、强间、脑户、风府、哑门、风池、头尾、太阳、临泣、目窗、正营、承灵、玉枕、脑空、天柱、率谷、五处、通天等穴位（图4-2-1、图4-2-2）。

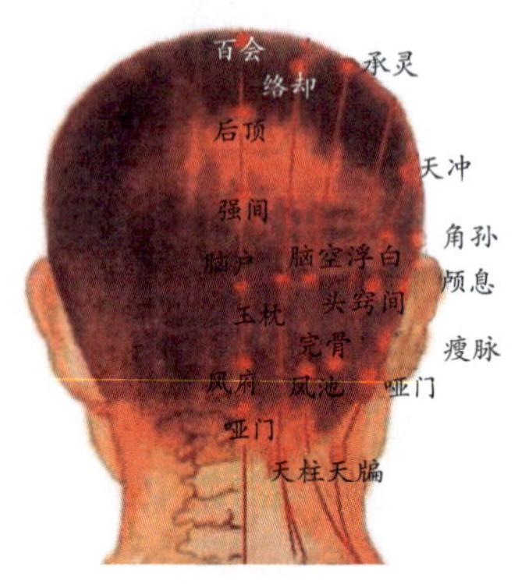

图4-2-1　头部穴位图

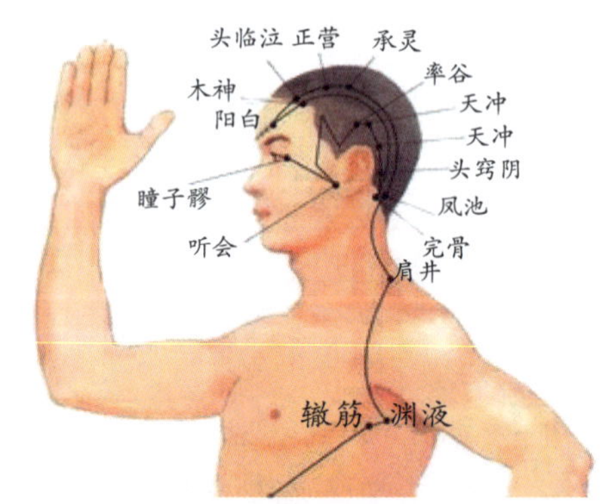

图4-2-2　头部穴位图

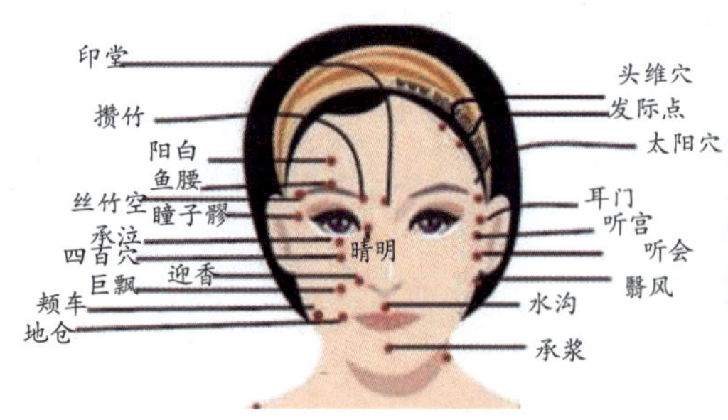

图4-2-3　面部穴位图

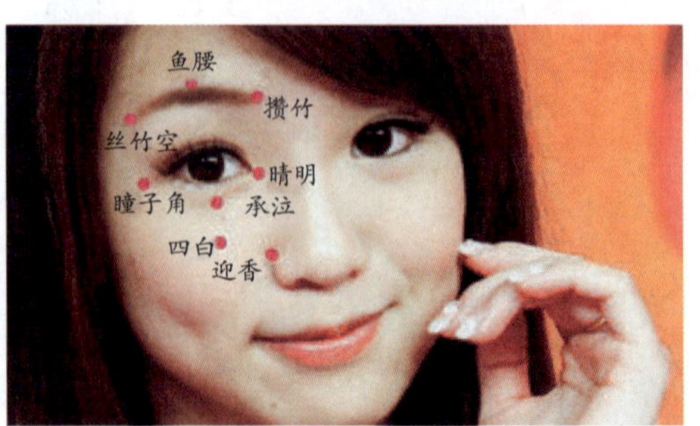

图4-2-4　面部穴位图

2.面部穴位主要有印堂、睛明、攒竹穴、丝竹空、鱼腰、迎香、承泣、四百、地仓、人中、上下关、听宫、听会等穴位（图4-2-3、图4-2-4）。

（二）头面部的按摩手法

头面部的按摩手法有按法、摩法、掌推法、拇指推法、捏法、小鱼际擦法、大鱼际擦法、揉法、肘推法、捻法、五指拿法、击法和啄法等（图4-2-5至图4-2-11）。

图4-2-5　捻法

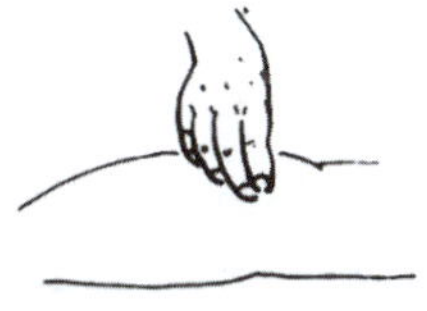

图4-2-6　五指拿法

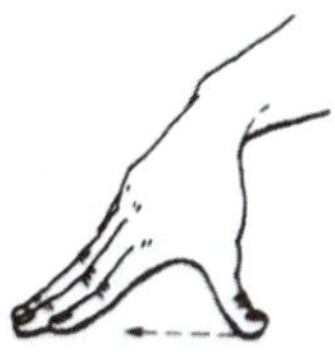

图4-2-7　拇指推法

图4-2-8　掌推法

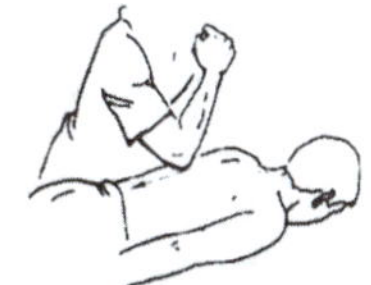

图4-2-9　肘推法

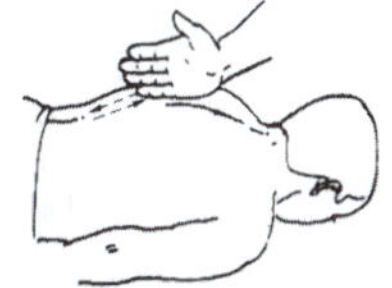

图4-2-10　小鱼际擦法

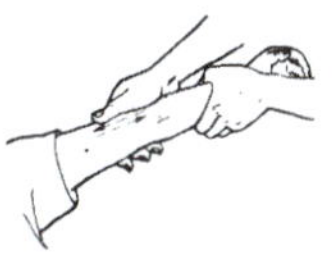

图4-2-11　大鱼际擦法

按摩的各种手法大都来源于人类的日常生活动作，如抚摸、擦搓、按压、揉捏等。日常简单的动作，没有什么技术性要求，但按摩手法则是要有一定操作规范和技术要求，而不能随意地按摩。

（三）按摩手法的基本要求

1.按摩手法要持久，按摩时保持动作和施力的连续性，不要间断停歇。

2.按摩手法要有力度，对施力部位要用一定的力量，但绝不可以施加暴力，要根据具体病症调整力量的强弱。

3.按摩手法要均匀，按摩的动作要有节奏感，用力要平稳，动作要缓慢、轻重适宜，以患者不知其苦为准则。

4.按摩手法要柔和，动作灵活，轻而不浮，重而不滞，不至所伤。

二、任务实施

1.教师将学生分为4个小组，每个小组选择1位模特坐在小组前排。

2.教师随机公布1个穴位，小组从第1位同学开始轮流给本组的模特点出穴位，最快点出穴位并准确回答的计1分，率先计满5分的小组获胜。

3.任务评分见表4–2–1所列。

表4–2–1　任务评分表

组　别	第一组	第二组	第三组	第四组
得　分				

三、任务拓展

运用所学的按摩手法课后与同学之间相互练习，并且查找头面部各个穴位的准确位置。

任务三　中式洗头的操作流程

任务目标

本次任务旨在让学生掌握中式洗头的手法与流程。

任务描述

每一位发型师都是从洗头助理这个岗位开始的，因此洗头这项工作在美发店中是所有服务工作的基础，本次学习需要同学们掌握中式洗头（坐洗）的流程。

一、知识准备

（一）发质的判断

美发师主要是用眼睛看，用手摸来分析发质。首先应该区分头发的发质是属于中性、干性，还是油性，接着用手摸头发，判断头发是健康、受损，还是幼细。基本操作步骤如下。

1.看

用眼睛可以观察出头发透露的若干信息。中性头发乌黑发亮、柔润、亮泽、有弹性；干性头发干燥蓬松，缺乏油脂；油性头发油脂多，光亮、柔韧，有头皮屑且比较黏（图4–3–1）。

2.摸

对于美发师而言，手的触觉能力是十分重要的，通过手的触摸，完全能判断出头发的质地。手感柔滑、滋润、有弹性的头发属于健康发质；手感粗糙、干燥、无弹性的头发属受损发质；手感细弱、无弹性的头发属幼细发质（图4–3–2）。

3.嗅

不洁的头皮和头发会产生异味；而健康的发质及清洁的头发不会产生异味（图4–3–3）。

图4–3–1　看

图4–3–2　摸

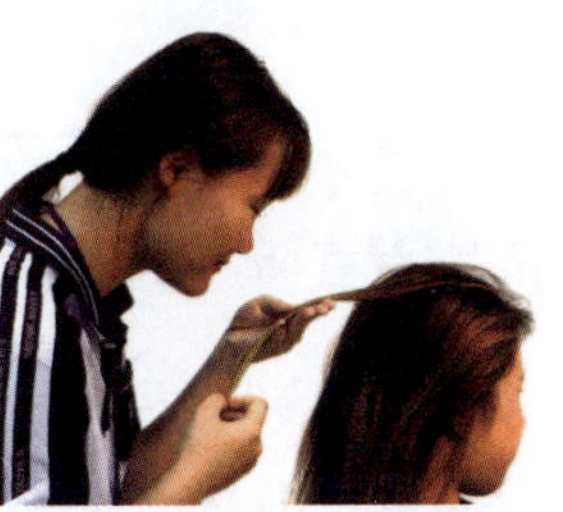

图4–3–3　嗅

图4–3–4　询问

4.询问

向顾客询问头发的情况，如使用什么洗发液好，头皮、头发有什么反应，烫、染情况等（图4-3-4）。

（二）常用洗发液的选择

洗发水的选用要从以下三点考虑：第一是适用，客人的发质与头皮是否适用于所选用的洗发水；第二是价格，洗发水的档次、价格可以根据顾客的经济承受能力来选用；第三是质量，店内选用的产品应该从正规渠道进货，保证产品的质量，防止假冒伪劣产品进入店内。

（三）简单的洗发程序和方法

1.涂洗发液

用毛巾给顾客垫好，操作者站在顾客身后，一只手涂抹洗发液并螺旋式打转，另一只手持喷水壶慢慢喷水，将泡沫丰富地揉出，慢慢地从顶部、侧部、后部、发际线开始涂抹，直到泡沫均匀浸湿所有的头发为止。注意不要让泡沫流淌到客人的脸上和衣服上。

2.抓头皮

原则上应该以指腹为着力点，如果顾客需要，可以用指甲轻挠头皮，但是指甲必须剪短、磨圆，以免抓伤头皮（图4-3-5至图4-3-8）。

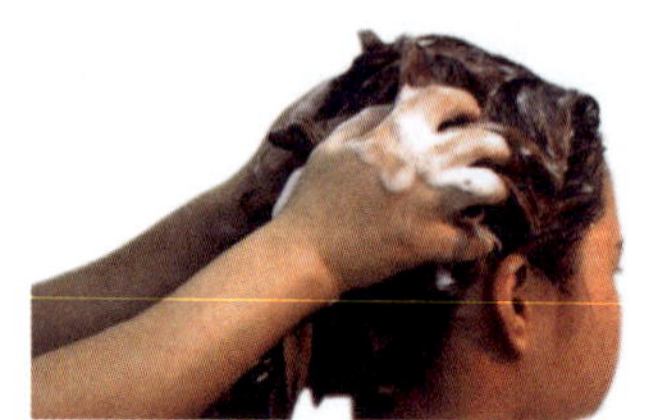
图4-3-5 揉搓泡沫

图4-3-6 反手同时抓头皮

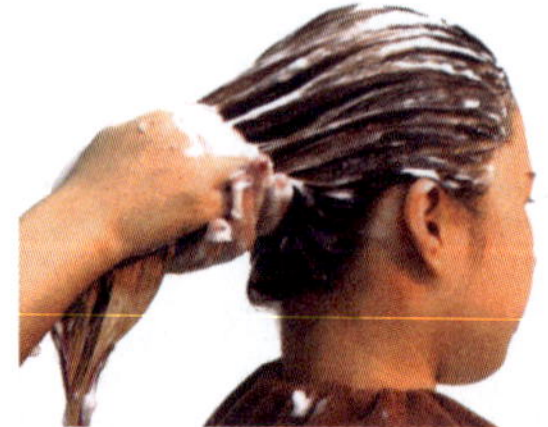
图4-3-7 单手抓头发

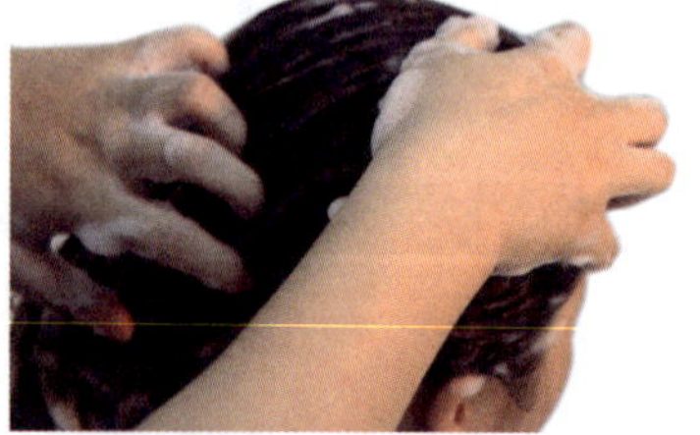
图4-3-8 双手交替抓头皮

第一抓：双手同时抓头皮，五指弯曲成空心掌状态，从发际线处按照六线流程抓挠全头头皮。

第二抓：侧抓头皮，先将顾客的头向左侧或者右侧稍微倾斜，一只手扶着顾客的头，另一只手将泡沫用拇指打转的方式揉摁发际线，然后从颈背点处抓向后脑，按照逆时针方向将半边头抓完，剩下另一边用同样的方法操作。

第三抓：双手交替抓头皮，从发际线抓至后脑勺，注意力度不要过大，泡沫不要飞溅到客人的脸部和身上。

3.冲洗

顾客可以选择站着冲洗或者躺着冲洗，站着冲洗的时候，要求顾客将头稍微前倾，并且尽量压低，以免冲洗的时候水打湿顾客的衣物；躺着冲洗的时候,从发际线处淋水，冲洗时要在顾客的头皮上轻轻移动，将泡沫冲洗干净，注意不要让水流入顾客的颈背内而打湿顾客的衣服（图4–3–9）。

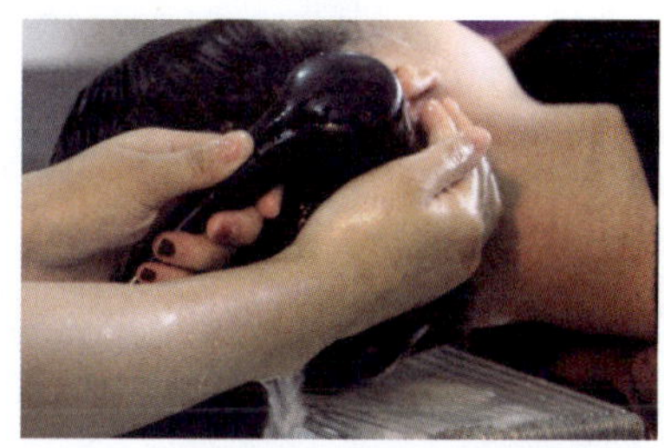
图4–3–9 冲洗

4.擦干、包毛巾

先用干毛巾擦去顾客额头、脸上、耳郭的水分，然后揉擦头发，用毛巾将头发上的水分吸干，将毛巾一角放在顾客的上耳处，然后平整的包到另一侧，把上边两个角收进前额的毛巾里面，然后整理好形状。

5.扶起身

包好毛巾后示意顾客可以起来了，并且帮顾客起身，轻轻抬起顾客的颈部或者背部，注意过程不可过快，以免使顾客产生不适（图4–3–10、图4–3–11）。

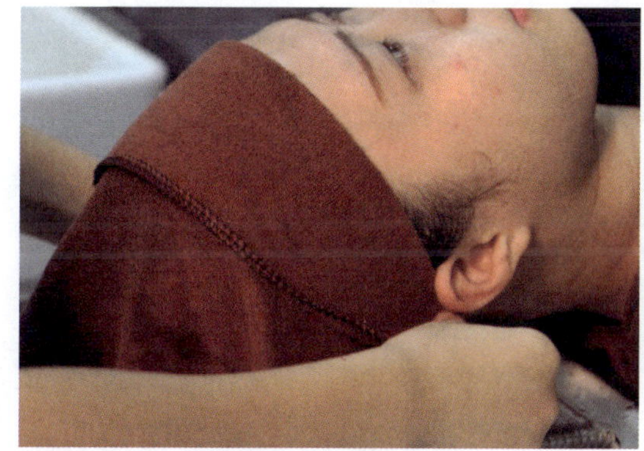
图4–3–10 包毛巾

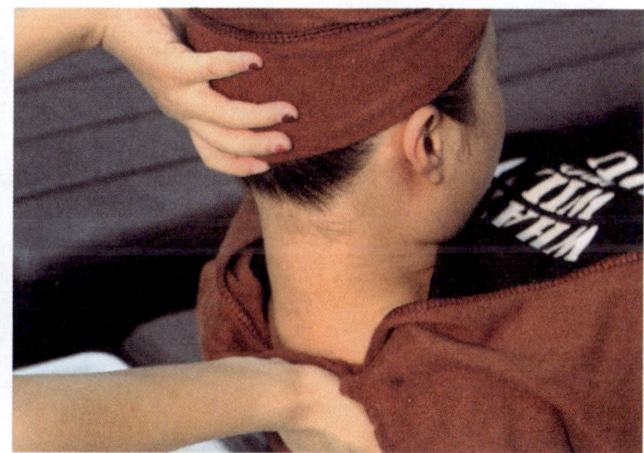
图4–3–11 扶起身

二、任务实施

1.教师根据学号将全班同学分为单数和双数两组，两组之间互相进行坐式洗头练习。

2.模特根据评分标准对操作者的实操进行打分（表4–3–1），并且说出评分或者扣分的理由。

表4-3-1　中式洗头的操作流程评分表

评价内容	分　值	学生自评	教师评分
涂洗发液	10		
抓头皮	60		
冲洗	10		
包毛巾	10		
扶起身	10		

三、任务拓展

在教学开放日中，按照所学的知识对顾客发质进行判断，并且进行中式洗头的实操练习。

任务四 泰式洗头的操作流程

任务目标

本次任务旨在让学生掌握泰式洗头的标准操作流程。

任务描述

泰式洗头是现今美发店里最主要的洗头方式，可以附加的项目很多，包括泰式按摩、水疗、姜疗等，所以需要同学们掌握好泰式洗头的操作流程，以达到将来在工作中能快速胜任美发助理的要求。

一、知识准备

泰式洗头操作流程

①在给顾客判断发质、选用合适的洗发水之后，给顾客垫好毛巾和防水垫	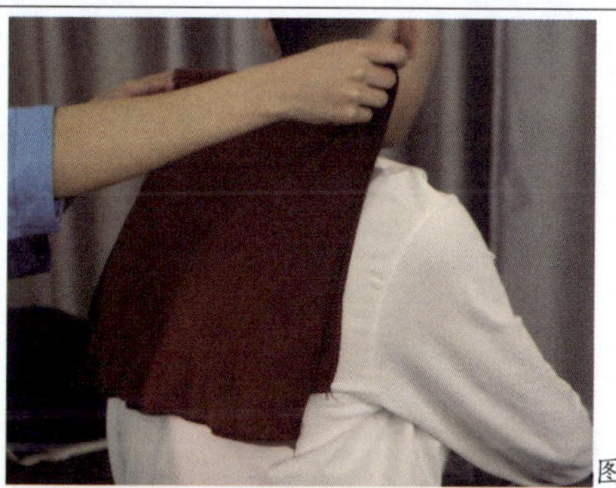 图4-4-1
②一只手轻托顾客的后脑勺，扶顾客躺下	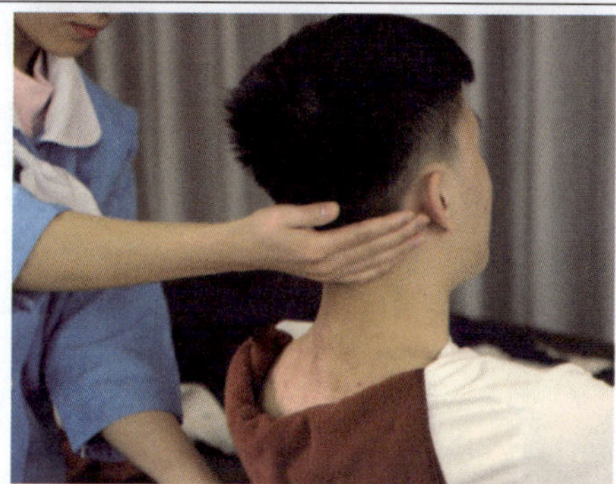 图4-4-2

③调节洗发用水温度，用手腕试水温	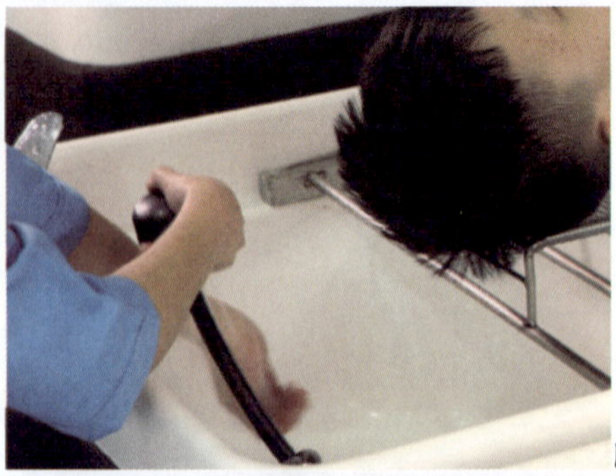 图4-4-3
④待温度合适后，握着淋蓬头将水从顾客的前额发际线处淋入，同时询问顾客水温是否合适，再次调节水温直至顾客满意为止	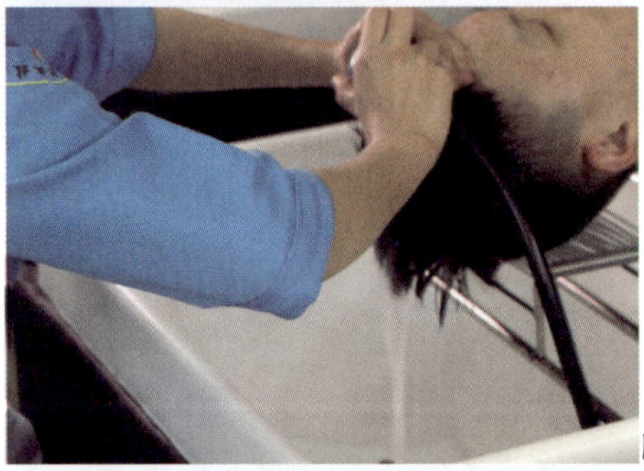 图4-4-4
⑤将淋蓬头沿着顾客的发际线冲湿头发，将全头的头发打湿	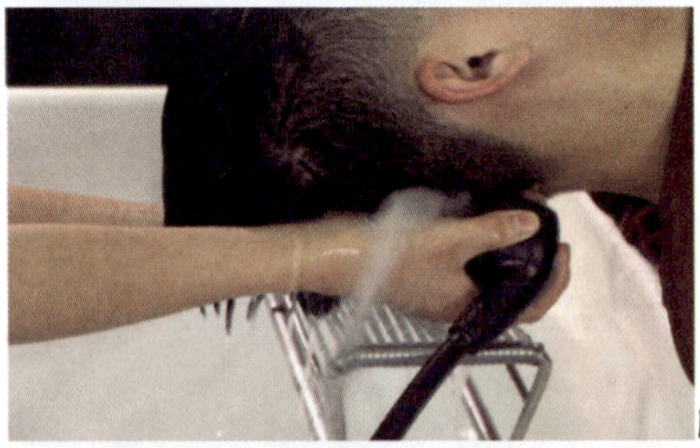 图4-4-5
⑥挤3~5下洗发水，均匀抹到顾客头上，揉搓泡沫	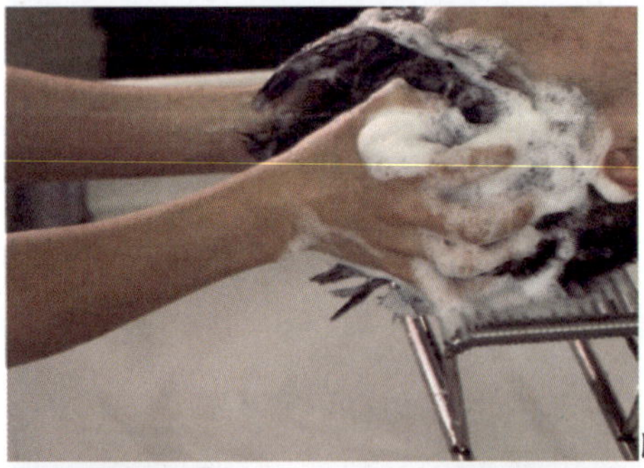 图4-4-6
⑦打出丰富的泡沫后，按照六线的顺序，双手同时从发际线处抓头皮至头顶百会穴	 图4-4-7

⑧将顾客的头轻轻往旁边侧，单手托着一侧。将手上的泡沫均匀地涂抹于发际线位置，然后从颈脖处发际线抓至头顶百会穴，另一侧以同样的步骤进行	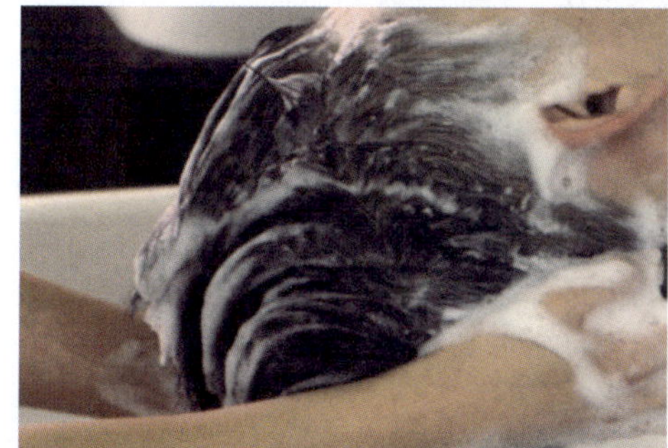 图4-4-8
⑨将顾客的头扶正后，食指倒着从顶部发际线抓至后脑勺，进行倒抓的步骤	 图4-4-9
⑩倒抓完后，十指交叉揉搓头皮，进行手法交叉抓步骤，注意力度不要过大，更不要拉扯到顾客的发根	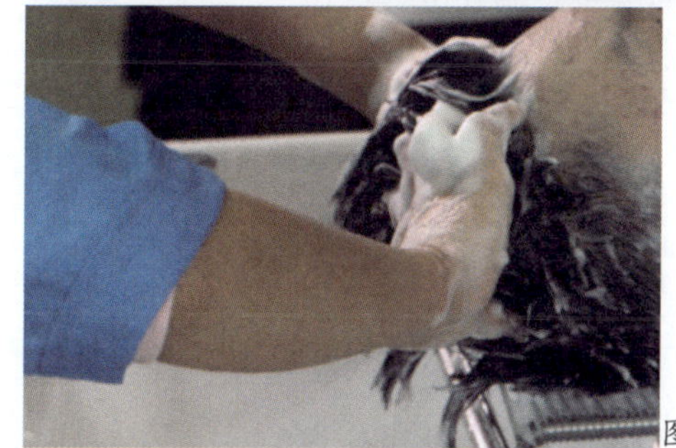 图4-4-10
⑪最后用拇指按摩六线，帮助顾客放松头皮，按摩完后，冲净泡沫	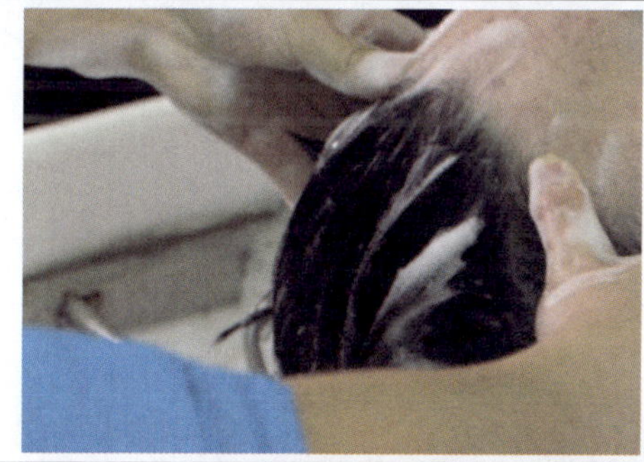 图4-4-11
⑫如果是女士长发，或者是受损发质，需要取适量护发素涂抹于受损部分，一般涂抹于发中、发尾，切记不可涂抹至发根和头皮处，这样会堵塞毛孔而造成头皮屑增多，甚至掉发。护理3~5分钟后，冲洗干净，包好毛巾，示意顾客起身。如果是男士短发且无烫染的，用毛巾擦干净水分，包好毛巾，示意顾客起身即可	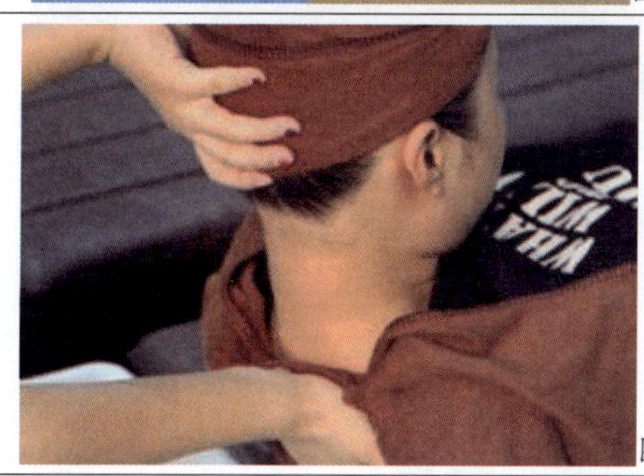 图4-4-12

二、任务实施

1.教师根据学号将全班同学分为单数和双数两组，两组之间互相进行泰式洗头练习。

2.模特根据评分标准对操作者的实操进行打分（表4-4-1），并且说出评分的理由。

表4-4-1　泰式洗头的操作流程评价表

评价内容	分　值	学生自评	教师评分
涂洗发液	10		
抓头皮	60		
头部按摩	10		
涂抹护发素	10		
包毛巾、扶起身	10		

三、任务拓展

在教学开放日中，给顾客进行泰式洗头的实操练习，并且归纳总结泰式洗头和中式洗头的不同之处。

项目五

修剪基本元素

任务一　点、线、面的认识

任务目标

本次任务旨在让学生掌握14个基准点、常用分线和面的概括，学习梳发分配、提拉角度、切口断面等剪发要素。

任务描述

本任务皆在教授同学们认识剪发的基本要素，这些内容就如同剪发知识系统中的一砖一瓦，学透了本任务后，就能将今后所学的发型拆解成一个个要素，方便同学们理解每种发型的结构和特点。

一、知识准备

（一）头部基准点

1.中前点：从鼻尖一直向上至发际线的那一点（图5–1–1）。

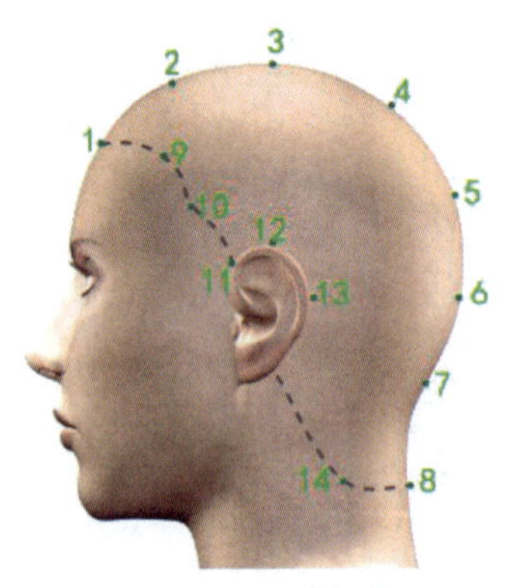

图5–1–1　头部基准线

2.前顶点：头顶点至额前点的中间部分。

3.头顶点：头顶最高的那一点。

4.转角点：最高点向后约一寸的那一点，头旋的位置。

5.黄金点：整个头型的一半处。

6.枕骨点：头后面凸出来的那一点。

7.颈窝点：在枕骨与颈背点的中间部分，最凹的地方。

8.颈背点：头后面发际线的中央最低点。

9.前侧点：从眉尾一直向上至前额发际线开始呈弧形的位置。

10.侧角点：侧部凸出部分。

11.鬓角点：在鬓角的地方。

12.耳顶点：在耳朵的最高点。

13.耳后点：在耳朵的后面。

14.颈侧点：在颈部的侧角。

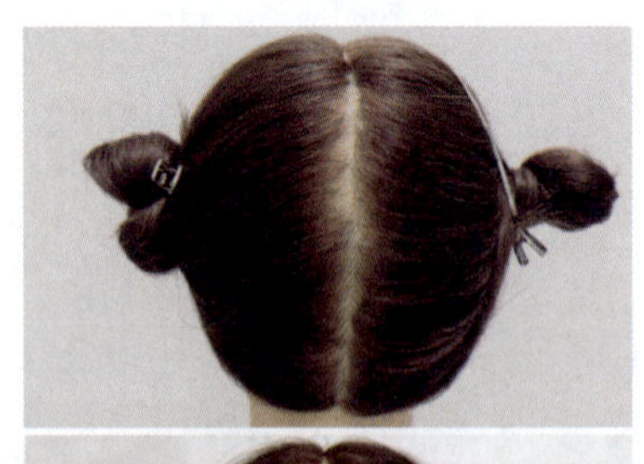

图5–1–2　中心线

（二）分线

1.中心线：中心线是从前额中心点到后颈部点的连线，是全头中分的线（图5–1–2）。

2.马蹄形线：马蹄形线是从一边前侧点到另一边前侧点呈U形的线，将全头分为马蹄区和下部区（图5–1–3）。

图5–1–3 马蹄形线

3.水平线：水平线是平行于地面的线条（图5–1–4）。

4.垂直线：垂直线是垂直于地面的线条（图5–1–5）。

图5–1–4 水平线

图5–1–5 垂直线

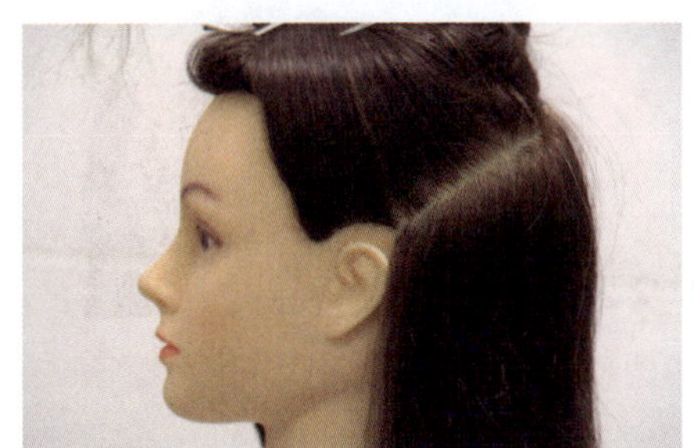

图5–1–6 对角向前斜线

图5–1–7 对角向后斜线

图5–1–8 放射形线

5.对角向前斜线：对角向前斜线是朝脸的方向角度向前的斜线（图5–1–6）。

6.对角向后斜线：对角向后斜线是朝后脑的方向角度向后的斜线（图5–1–7）。

7.放射形线：放射形线是从一个定点向四周辐射发散的直线条（图5–1–8）。

（三）面的概括

1.前部面

前部面决定刘海的设计，包括刘海的形状、长度、厚度（图5–1–9）。

2.顶部面

顶部面决定了上半部发型的形状，包括修剪的形状与放下来的形状（图5–1–10）。

3.底部面

底部面决定了发型轮廓的设计，包括形状与长度（图5–1–11)。

4.左部、右部、后部

左部、右部、后部决定了整体发型设计的层次、流向、纹理（图5–1–12）。

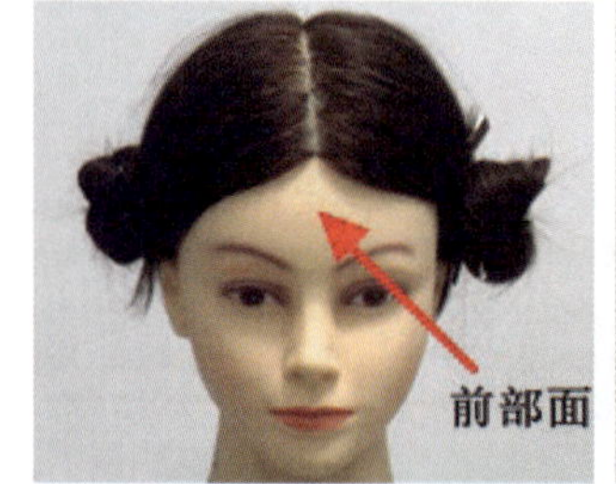

图5–1–9　前部面

图5–1–10　顶部面

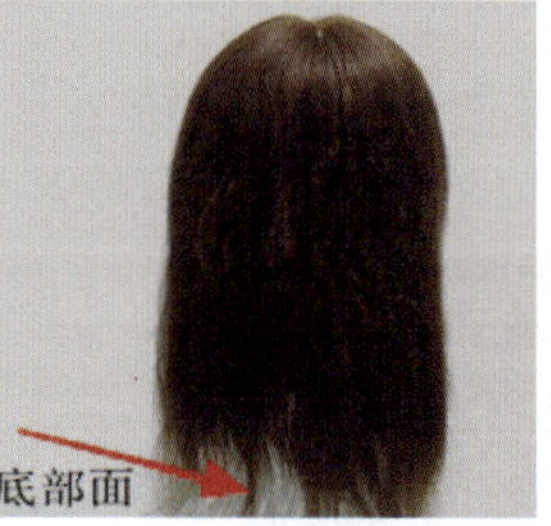

图5–1–11　底部面

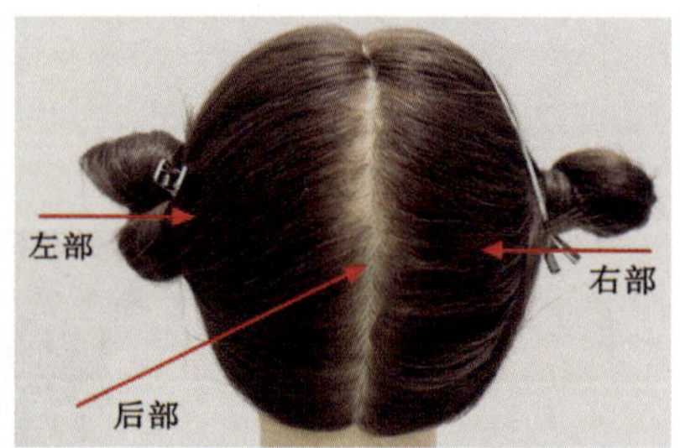

图5–1–12　左部、右部、后补

（四）梳发分配

1.自然垂落分配

自然垂落分配是按照地球引力方向将头发按照自然生长方向梳理（图5–1–13）。

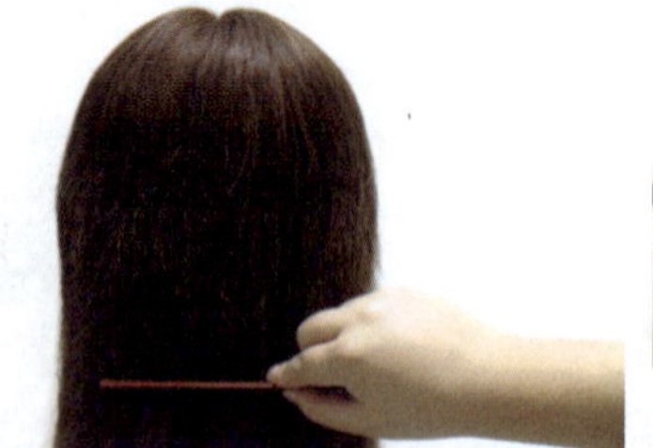
图5–1–13　自然垂落分配

图5–1–14　方形分配

2.方形分配

方形分配是发片垂直于某个平面，这个平面可以是平行于头部切线的任一平面（图5–1–14）。

3.圆形分配

圆形分配跟随头型的形状移动，所有的发片垂直于头皮（图5–1–15）。

4.三角形分配

三角形分配是固定引导线，提拉至一点或一条直线（图5–1–16）。

图5–1–15　圆形分配

图5–1–16　三角形分配

（五）提拉角度

1.0° 角

0° 角是指没有提升（图5–1–17）。

2.一指位

一指位是指一个手指宽度微小的提升（图5–1–18）。

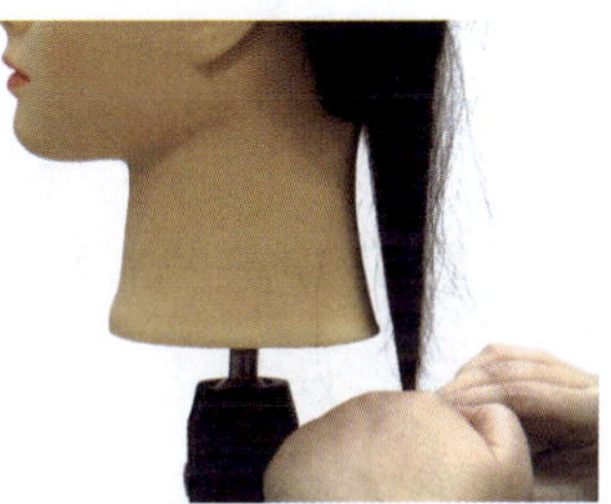
图5–1–17　0° 角

3.45° 角

45° 角是在0° 角和90° 角的中间，有一定等级的堆积重量（图5–1–19）。

4.90° 角

90° 角是以头型的切线为参照，垂直于切线提升的角度（图5–1–20）。

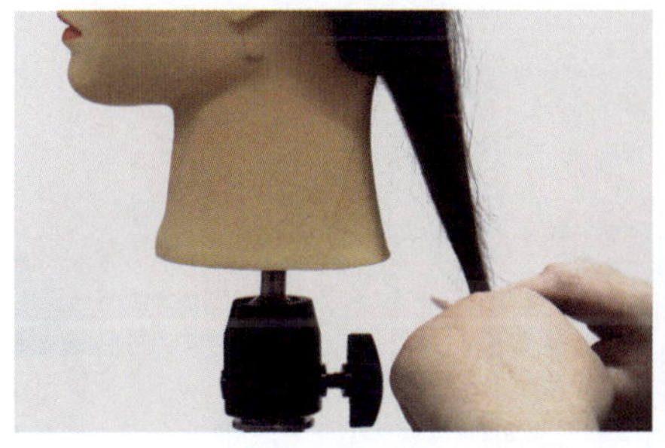
图5–1–18　一指位

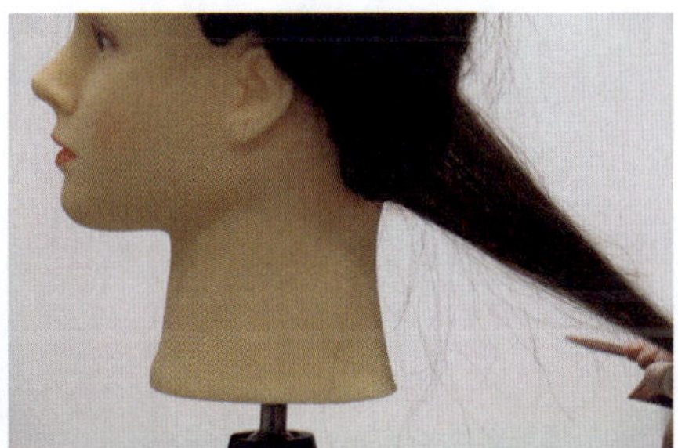
图5–1–19　45° 角

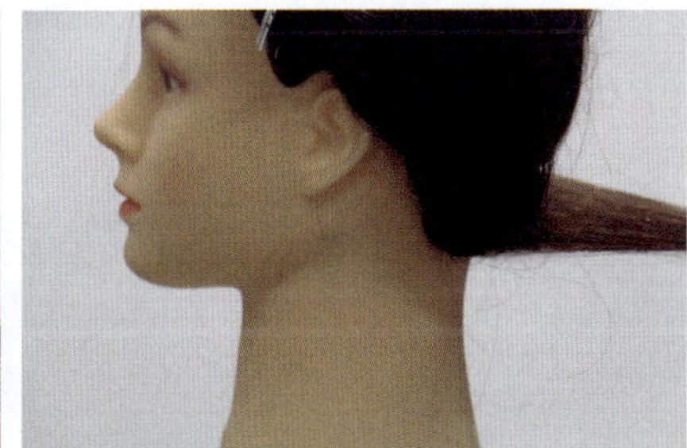
图5–1–20　90° 角

（六）切口断面

1.方形切口

方形切口是指修剪后发片呈方形（图5–1–21）。

2.三角形切口

三角形切口有两种切口，分为堆积重量三角形和去除重量三角形（图5–1–22）。

3.圆形切口

圆形切口是由方形切口去角而成（图5–1–23）。

图5-1-21　方形切口

图5-1-22　三角形切口

图5-1-23　圆形切口

二、任务实施

1.教师准备空白头模（图5-1-24），让学生按照位置默写14个点的名称，收上来作为课堂作业。

2.在头模上练习7种分线方式、4种梳发分配、4种提拉角度。

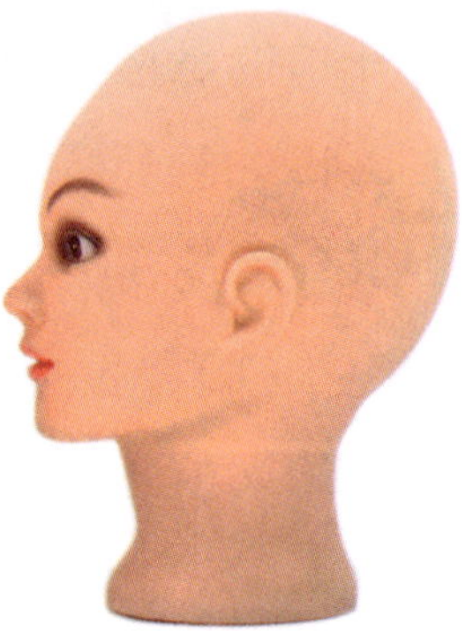
图5-1-24　头模

三、任务拓展

归纳总结修剪发型的六要素，记忆背诵14个头部常用点。

任务二　基本修剪方法

任务目标

本次任务旨在让学生掌握平剪、梳剪、点剪、滑剪、纹理刻痕剪这五种基本修剪的方法。

任务描述

要求同学们练习手指、梳子、剪刀三者之间的配合，尤其是手指和梳子对发片的控制能力，这对于能否精准地修剪有重要的作用。

一、知识准备

（一）平剪

平剪是创造一个整齐干净的剪切口，确定头发的长度。分取5厘米的一个发区，用手指夹紧发片（不要用力拉头发，但是一定要夹紧）。夹紧头发后，紧贴顾客的颈部，为了不产生太多的层次，修剪使用整个刀身，沿着剪切口重复修剪，一个水平的线条就完成了（图5-2-1）。

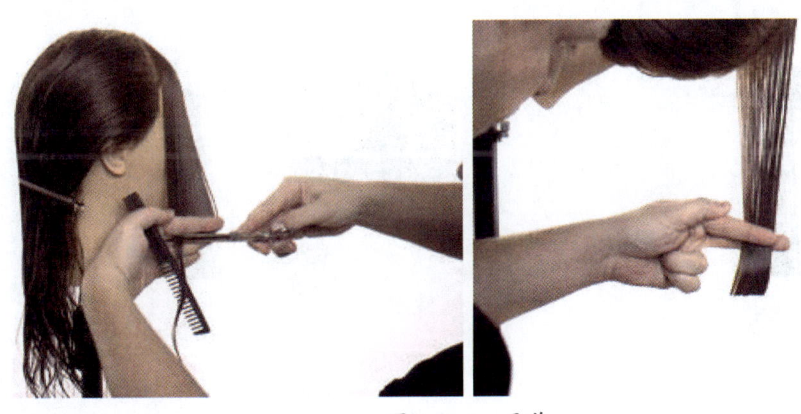

图5-2-1　平剪

（二）梳剪

梳剪是用剪发梳控制发片，可以在最小的拉力下剪出一条干净整齐的水平线。使用剪发梳比较密的一面，从发根开始将头发梳理整齐，然后使用整个刀刃去修剪。按照这样的修剪方法一直修剪完后部发区，保持自己的身体居中，不要偏移（图5-2-2）。

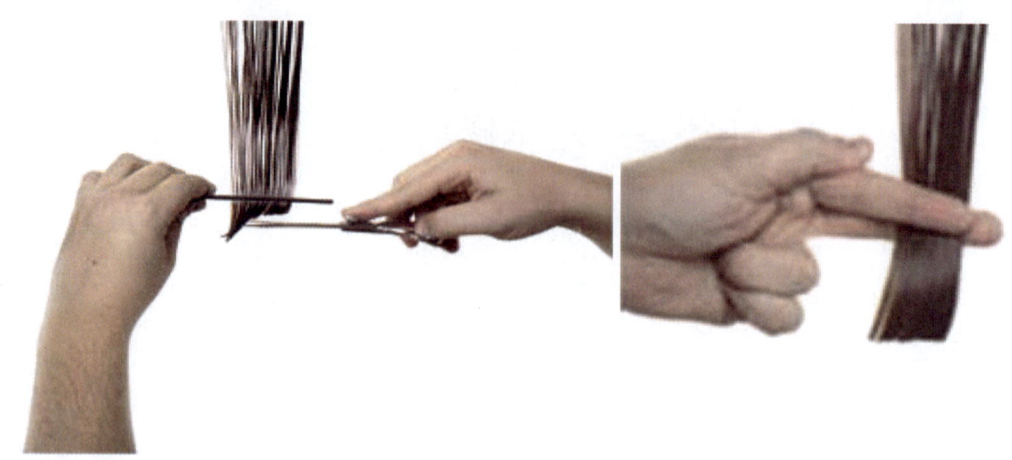

图5-2-2　梳剪

（三）点剪

点剪是常用于有层次的发型，在修剪完成后的发梢处制造出纹理，适用于卷发、中长发和短发。使用剪刀插入要修剪的头发部位，按照锯齿状，使剪刀和发片呈45°角修剪（图5-2-3）。

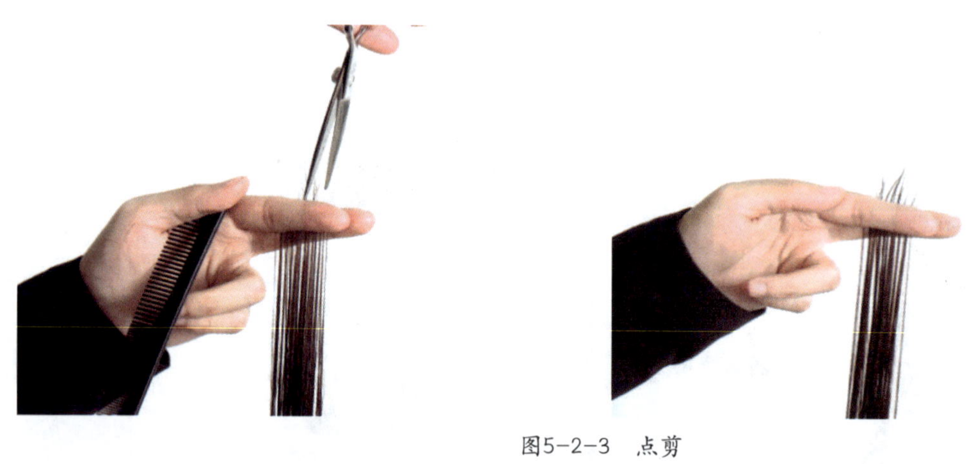

图5-2-3　点剪

（四）滑剪

滑剪的这种技巧常用于湿头发上，可以达到柔和，去除重量和增加动感的效果。轻轻地打开剪刀，将剪刀插入在发梢5厘米的部位，按照自己的要求轻轻地滑动刀刃，一直重复修剪这个发片（图5-2-4）。

图5-2-4　滑剪

（五）纹理刻痕剪

纹理刻痕剪是为了给予头发不规则的纹理，主要用于去除重量。将需要修剪的发片平整梳理，然后修剪，同点剪修剪的方法一样，但是它需要将剪刀深深地刻进去，至于修剪多少，取决于自己想要达到的效果（图5-2-5）。

二、任务实施

1.在头模上练习平剪、梳剪、点剪，观察修剪后的切口特点。

2.在头模上练习滑剪、纹理刻痕剪，观察修剪后的切口特点。

图5-2-5　纹理刻痕剪

三、任务拓展

观看教师布置的剪发视频，列出视频中所采用的修剪方法。

任务三　一条线的修剪

任务目标

本次任务旨在让学生用修剪六要素来掌握一条线的修剪方法，按照标准的修剪流程进行修剪，完成发型。

任务描述

一条线是最基础的发型，也是修剪入门的发型，初学者需要通过这款发型的修剪练习来达到手指、梳子、剪刀之间控制力的锻炼。

一、知识准备

（一）发型概述

一条线的修剪是将所有的发片在肩部以下建立一条水平线，这是修剪轮廓线的基础发型之一。

（二）修剪要素

1.分区：左右分区。

2.分片：对角向前分片。

3.分配：自然垂落、偏移至一条线。

4.站位：头模正后方。

5.提拉角度：0°角。

6.切口：方形切口。

（三）修剪步骤

1.将头模左右分区，夹好头发（图5-3-1）。

2.分出对称的对角前发片，作为引导发片（图5-3-2）。

3.用自然垂落的梳发分配方式，将

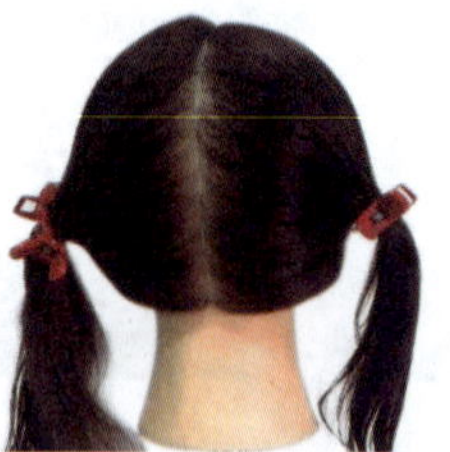
图5-3-1　左右分区

图5-3-2　分出引导发片

图5-3-3　0° 角修剪方形切口

图5-3-4　分出第二片发片

第一片发片进行夹剪，过程中不能产生拉力，否则头发会回弹造成切口不齐（图5-3-3）。

4.从枕骨点分出第二片发片（图5-3-4）。

5.以第一片发片为引导发片，参照其长度进行修剪（图5-3-5）。

6.第三片发片从皇冠点连接至耳上点，分片后按照相同的方法修剪（图5-3-6）。

7.两侧的头发轻轻拉至此直线上，延长引导线修剪（图5-3-7）。

图5-3-5 以引导修剪第二片发片

图5-3-6 分出第三片发片进行修剪

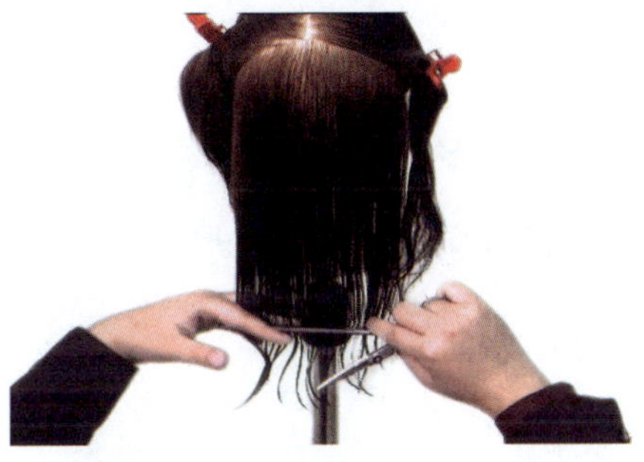
图5-3-7 以引导修剪第三片发片

图5-3-8 分出第四片发片进行修剪

8.黄金点连接前侧点，分出第四片发片，按照同样的方法修剪（图5-3-8）。

9.将全部头发放下，进行最后一片的修剪（图5-3-9）。

10.修剪完成（图5-3-10）。

图5-3-9 放下全部头发进行修剪

二、任务实施

1.讨论：修剪之前需要做哪些准备工作？如果支架、头模没有摆正会出现什么情况？

2.按照六要素法对本款发型进行再分析。

3.在头模上进行发型的修剪练习。

三、任务拓展

1.用梳剪法将本款发型进行修剪练习。

2.用六要素法将本款发型进行归纳总结。

图5-3-10 完成效果图

任务四　向前边缘层次的修剪

任务目标

本任务旨在让学生用修剪六要素来掌握向前边缘层次的修剪方法，按照标准的修剪流程进行修剪，完成发型。

任务描述

向前边缘层次是修剪两次长度的发型，这款发型的特点也是与一条线一样，是修剪轮廓线的发型，我们需要将两侧修剪成前长后短的形状，并且也是零层次的发型。

一、知识准备

（一）发型概述

向前边缘层次是结合了后部的一条线与两边侧区的斜线所构成的轮廓线发型。

（二）修剪要素

1.分区：左右分区。

2.分片：对角向后发片。

3.分配：自然分配、偏移至一条线。

4.站位：剪左站右，剪右站左。

5.提升角度：0° 角。

6.切口：垂直于地面。

图5-4-1　分出前后区

（三）修剪步骤

1.左右分区，自然垂落点连接耳后点，分出前后区，将后区头发夹起不做修剪（图5-4-1）。

2.分出1厘米宽的对角为后发片，作为引导发片（图5-4-2）。

3.将引导发片的头发按照自然生长的方向从根部梳顺，至嘴角处走圆弧形梳至鼻尖（图5-4-3）。

4.发片0° 角修剪，切口垂直于地面，与鼻尖重合在

图5-4-2　修剪引导发片

图5-4-3 使发片至嘴角处

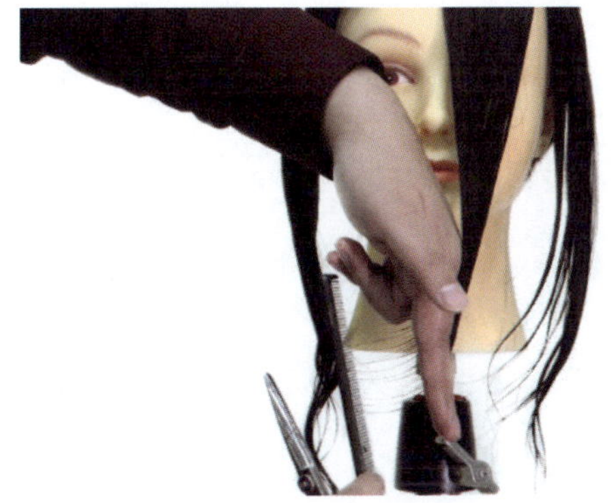
图5-4-4 0° 角修剪发片

图5-4-5 完成修剪

同一条直线上（图5-4-4）。

5.全头按照同一方法修剪，最后吹干修剪底线即可（图5-4-5）。

二、任务实施

1.讨论：向前边缘层次的修剪与一条线的修剪有什么区别？有什么共同点？

2.在头模上练习向前边缘层次的修剪。

三、任务拓展

用六要素法将本款发型的重点内容进行归纳总结。

任务五　男士西装头发型

任务目标

本次任务旨在让学生学习男士西装头发型，练习推剪的使用方法，能够熟练地修剪男士西装头发型。

任务描述

男士西装头发型是男士发型修剪中的基础发型，涵盖了中低发脚的修剪、顶部方形的修剪、后部放射的修剪。这三个修剪的方法技巧基本包括了男士发型修剪所需要的技术，是一款能够全面锻炼学生修剪技术的发型。

一、知识准备

（一）发型概括

男士西装头发型是最常用的男士发型，也是男士发型的基础，包括了顶区的修剪，侧区、后区发脚的修剪。

（二）修剪要素

1.分区：马蹄形区。

2.分片：横向分片。

3.分配：圆形分配。

4.站位：修剪顶区、后区站在顾客正后方，修剪侧区时站在顾客侧方，随头型移动。

5.提升角度：90°角。

6.切口：圆形切口、三角形切口。

（三）修剪步骤

1.将头发打湿梳顺（图5–5–1）。

2.从额角分一条水平线，将头发分为上下两个区，即马蹄形区（图5–5–2）。

3.侧区起发脚，定好底线和基线，坡度约为内斜的60° 角（图5–5–3）。

4.后区起发脚，坡度约为内斜的60°角（图5–5–4）。

5.将顶区的头发放下，从自然垂落点连接耳后点并分为前后两个区（图5–5–5）。

6.顶部前区分出三个小发区修剪，从中间定引导长度12~15cm，提升角度为90° ，切口为圆形（图5–5–6）。

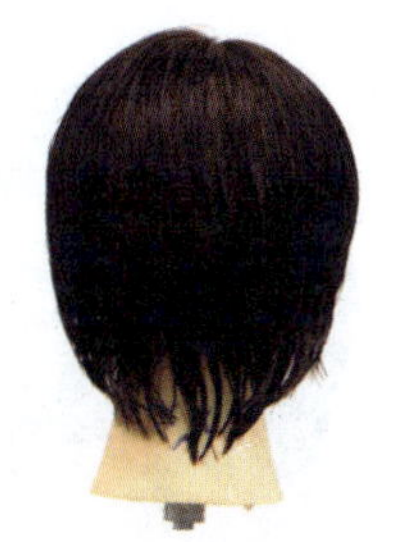

图5–5–1 打湿梳顺

图5–5–2 分出U形区

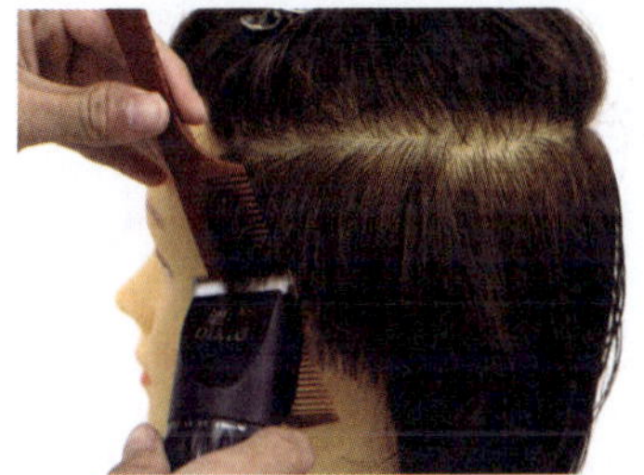

图5–5–3 侧区起发脚

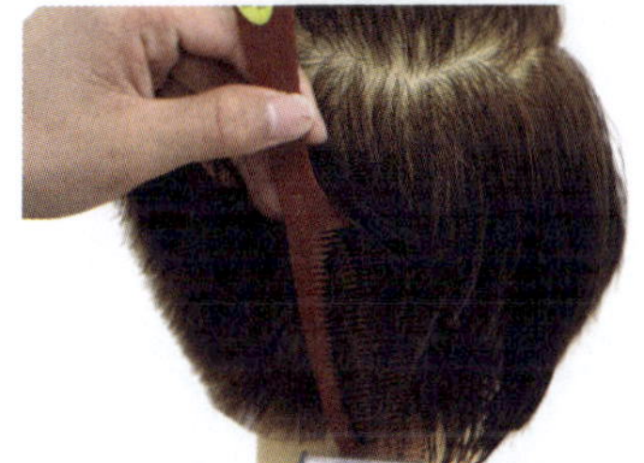

图5–5–4 后区起发脚

7.去角连接左右两个小发区，后区放射连接（图5–5–7）。

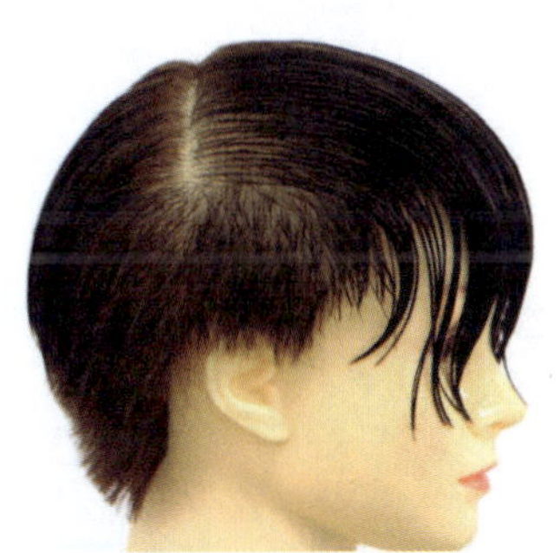

图5–5–5 顶部分出前后区

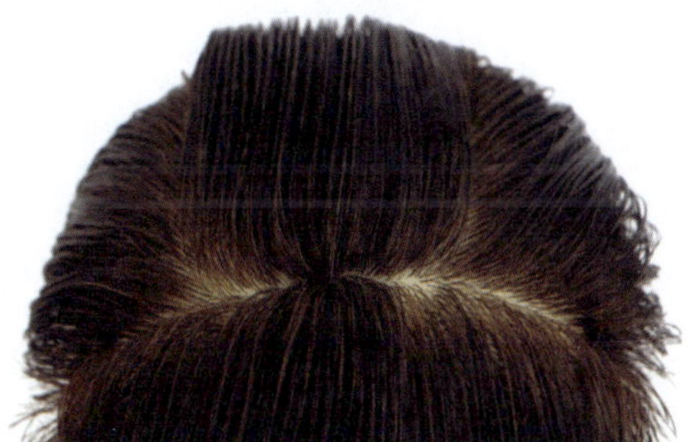

图5–5–6 前区分出三个小发区

图5–5–7 修剪后去脚连接

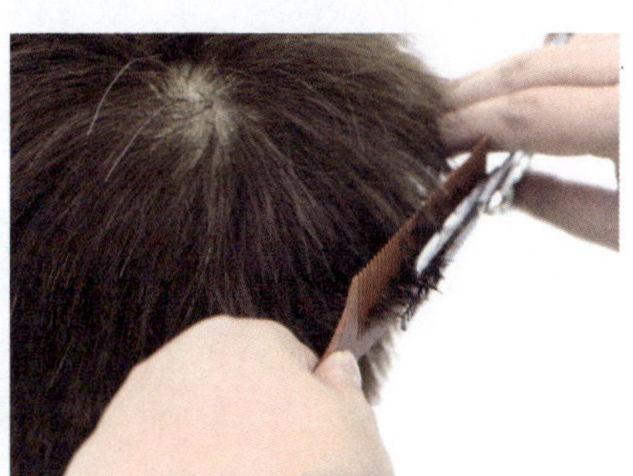

图5–5–8 柔和打薄

8.用牙剪打薄，柔和边线（图5-5-8）。

9.完成效果如图5-5-9所示。

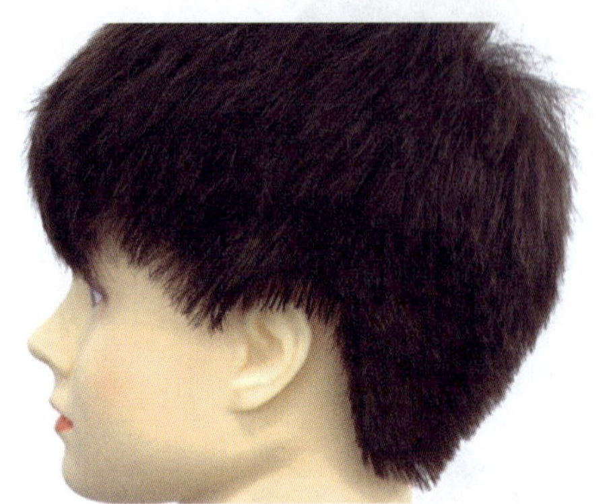

图5-5-9　完成效果

二、任务实施

1.讨论：起发脚的时候是湿发修剪好还是干发修剪好？为什么？

2.在头模上或者真人头上练习男士西装头发型。

三、任务拓展

用六要素法将本款发型的重点内容进行归纳总结。

项目六

吹风造型技术

任务一　吹风工具的认识、了解、应用

任务二　吹风的操作程序

任务三　直发吹风造型

任务四　内扣吹风造型

任务五　翻翘吹风造型

任务一　吹风工具的认识、了解、应用

任务目标

本次任务旨在让学生熟悉各种吹风工具，并懂得如何选择与使用吹风工具，进行吹风基本功的练习。

任务描述

要完成一个出色的吹风造型，离不开造型工具，本次任务主要介绍造型师常用的吹风造型，主要分为梳类及电吹风，下面让我们一起去认识它们。

一、知识准备

（一）梳子

操作前和操作过程中都需要用梳子来梳理和控制头发。梳齿之间的宽度、密度是起决定作用的，梳齿间距宽的梳子是用来控制量多的头发，强调自然效果；而梳齿间距细的梳子常用来处理量少的头发，强调头发的亮度和力度。

吹风造型的梳子种类繁多，一般分为：九排梳、排骨梳、圆滚梳、无毛滚梳、钢丝梳、铲梳。

1.九排梳：用于直发及自然纹理的梳理，多用于卷发、直发或发片大流向时使用。正常吹法是梳子直接从发片的底部位置拉动，向下带半圈，拉紧发片。送风的位置，1排、2排之间为吹直，体现服帖感；6排、7排之间吹弧线，体现抛物线柔和、圆润感。见本书项目三，任务一，图3–1–6。

2.排骨梳：制造发根蓬松及纹理效果，可为自然吹干及男士发型制造纹理，吹出一种粗犷的线条。动作有别（压）、提、拉、翻、转（及创意吹法）。见本书项目三，任务一，图3–1–7。

3.圆滚梳：其浓密的鬃毛是为了加大头发阻力，制造卷度、亮度、纹理、流向等效果，从小至大分若干个型号。多用于制造卷曲度及强调力度时使用，梳子的大小根据头发长短及卷曲度来决定，偶尔也用于直发，主要是强调自然弧线及亮度，常用于中、长发。见本书项目三，任务一，图3–1–8。

4.无毛滚梳：这类梳子由于无鬃毛，吹风时梳齿与头发的阻力会减少，使用后发片的光泽度不够。其多用于制造纹理或卷曲效果（图6–1–1）。

图6–1–1 无毛滚梳

5.钢丝梳：用于调整大花，纹理细腻。空心滚轴采取铝锌片制造，齿梳较硬的是由抗高温胶丝制作而成。由于梳子滚轴呈空心状，再加上金属会导热，所以高温很快会使头发成型。缺点是用后头发亮度不够，主要适用于中、长发（图6–1–2）。

图6–1–2 钢丝梳

6.铲梳：整理刘海或是晚宴妆发型线条（图6–1–3）。

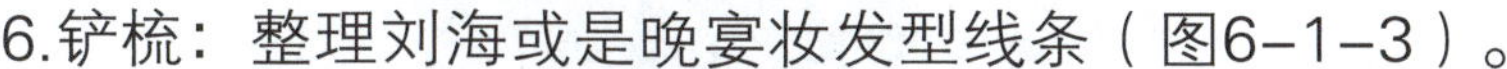

（二）吹风机的种类及作用

吹风机是美发店必备的工具之一，专业吹风机与家用吹风机有很大不同。美发店的吹风机一般分为两种，一种为有声吹风机，瓦数在1500W以上，风力较强，可使头发快速成型；一种为无声吹风机，功率一般在450W左右，噪声小，风力弱，但是热量相对集中，用于发型最后定型。吹风机风力和热度有许多的切换档，可根据实际需要进行调整。见本书项目三，任务三，图3–3–1。

图6–1–3 铲梳

（三）吹风造型简介

吹风造型包括长发吹风、滚梳吹大花、短发吹风造型。对风量、风力、送风角度、湿度、温度进行控制，便于排骨梳、九行梳、空气梳、滚梳、板梳、尖尾梳等工具吹风时应用，其有推、拉、极、提、压、旋、拧、抖、挫等技术手法。许多人对吹头发一直抱有偏见与误解，认为吹发会使得头发干枯毛躁甚至分叉断裂，自然风干才是正确做法。其实这种观点是不正确的，自然风干时间较长，在此过程中由于蒸发会带走更多发丝水分，使头发干枯。其实只要掌握正确的吹发技巧，头发也可以越吹越柔顺。

（四）吹风基本功的训练

此举是为了保证梳子的平衡和力度，其基本功特别重要。取十五根橡皮筋分别连接好，准备一支装满水的矿泉水瓶，将橡皮筋一端连接于梳子龙骨的手柄上，另一端连在矿泉水瓶上（图6–1–4）。

转动梳子，用右手食指抵住龙骨的头部，双手手臂与肩部平行并向前伸展，开始转动梳子将橡皮筋整个缠绕到梳子上，然后向反方向转动，直到橡皮筋完全放松，使矿泉水瓶回到原位为止，然后反复演练，直到把梳子练习到收放自如的程度（图6–1–5）。

图6–1–4　拿圆滚梳手势

图6–1–5　转动圆滚梳

（五）站姿与梳子、吹风机的配合

1.右脚向前跨半步，左脚伸直，身子前倾形成“弓”字步（图6–1–6）。

2.右手握住吹风机，左手握住圆滚梳，将吹风机的电源线放于手臂内侧，这有助于吹风时不碰到客人的脸上（图6–1–7）。

3.握吹风机的时候，尽量握到风机的出风口处，大拇指、中指、小指握住吹风机，食指在上支撑吹风机的平衡（图6–1–8）。

图6–1–6　“弓”字步

图6–1–7　手势吹风机与圆滚梳

图6–1–8　手持吹风机与圆滚梳

4.不可以整个手掌握吹风机，以轻握为主，以免因接触面积太大过热而烫手（图6–1–9）。

5.吹风造型时也可直接握住吹风机的手柄进行操作，以便于外旋等方式的操作（图6–1–10）。

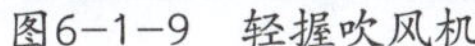
图6–1–9　轻握吹风机

图6–1–10　握住吹风机手柄

二、任务实施

1.教师将以上吹风造型所使用的工具进行编号，让学生分组抽签，抽到相应编号的小组后，派代表介绍工具的名称和作用。

2.教师布置学生进行吹风基本功的训练作业。

三、任务拓展

调查市场信息，了解三种吹风机的品牌、价格与性能，并且选择适合自己的一款吹风机，了解其信息，在下节课上进行此款吹风机的介绍。

任务二　吹风的操作程序

任务目标

本次任务旨在让学生掌握一些基础的吹风手法，并且学习吹风的技巧、要素和注意事项。

任务描述

主要介绍基础的吹风手法和技巧，帮助同学们快速地掌握吹风技术。

一、知识准备

（一）吹风原理

利用热风改变毛发的氢键、盐键、氨基键、二硫化物键，通过掌控温度（加热时卷发用最大的风力及热量，冷却时用冷风固定）及张力掌控（拉紧）这些元素达到最终的理想造型。

（二）吹风的基本动作

1.压

压的作用是使头发服帖，要将梳齿插入头发内，用梳背把头发压住，使吹的热风从齿缝渗透到头发中，将头发吹平（图6–2–1）。

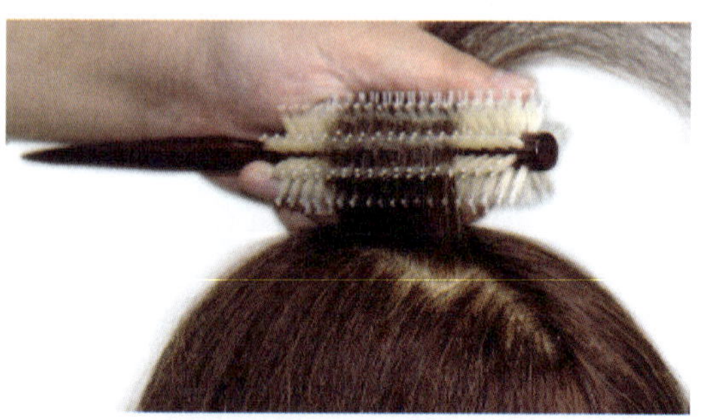
图6–2–1　压的手法

2.别

为了把头发吹成微弯的状态，要把梳子斜插在头发内，梳齿沿头皮向下移动，使发杆向内倾斜，在手腕的带动下操作，将发杆微微别弯，梳子不动，吹风口对着梳齿吹，使发梢贴向头皮，增加头发的弹性。一般用于头缝处部分，或顶部轮廓周围的发梢部分（图6–2–2）。

图6–2–2　别的手法

3.挑

用梳子挑起一片头发向上提，使头发呈弧形，吹风口对着梳齿送风，吹成微微隆起的形状。操作时先将梳齿自上而下插入头发，使梳齿向外，配合吹风，梳子微微向上提，使梳齿内头发弯成半圆弧状，这种手法会使头发蓬松、发根站立、发杆弯曲且富有弹性，主要作用于头顶的部分头发（图6–2–3）。

4.拉

梳子不沿着头发的方向向外移动，梳顺毛发（图6–2–4）。

5.翻转

将梳齿插入头发，头发随着梳子的转动从发尾卷至发根（图6–2–5）。

图6–2–3　挑的手法

图6–2–4　拉的手法

图6–2–5　翻转的手法

（三）吹风造型的步骤

1.吹风机与梳子保持90°角；梳子与流向保持90°角；吹风方向与流向一致。

2.长发采用满口送风的技巧，短发或接近发根的部位采用半口送风的技巧。

3.短发的轮廓控制：下区位自然服帖；中区位自然蓬松；上区位圆润饱满。

4.左右手的配合：吹头发纹理时，左右手都能灵活使用吹风机与梳子；吹风机应快速在头发上来回移动，不能停留在一个部位，每次的移动最好都吹在自己拿梳子的手上，这样可以感应吹风机的热度，以便随时调整角度，避免烫伤顾客。

5.吹头发纹理的顺序：从后到前，从下向上，最后吹刘海。

（四）吹风造型的技巧

1.吹发前使用精油隔热

在吹头发前，可以将护发精油涂抹于湿润的秀发上，并进行按摩使其彻底吸收，注意不要涂抹到发根或头皮上，这样护理后再使用吹风机吹发就能形成一个隔热层，不仅可以滋润洗后的秀发，同时还能保护其不受热风的损伤，在吹干后头发还会柔顺。

2.把头发分区吹干

吹头发也要掌握一些方法，一股脑地乱吹不仅干得比较慢而且吹完也没有型。可以先根据顾客的发长与发量把头发分成几个区域，然后分区域吹干，这样吹得会比较快而且还能顺便做造型，最重要的是可以避免重复吹一个部分，使得受热不均而对头发有伤害。

3.先吹发根，再吹发梢

吹头发时要抓住重点，应先把发根吹干，再吹发梢，因为水分会顺着发根流向发梢，如果一味地吹发梢只会事倍功半。所以吹发时要把最重要的发根头皮部位吹干，再把发丝吹到七八分干就可以了。

4.吹风口要和头发保持距离

在吹头发的时候，要把吹风口保持在距离头发15cm左右的位置，避免让它接触到头发，离得太近不仅有将发丝卷入风筒内的危险，还会导致头发的热损伤。

5.吹风机要不停地移动

很多人都会犯这种错误：在吹一个区域的时候吹风机静止不动。这样做会使热量集中在一个部位而引起头发受损。所以，在吹头发时要不停地移动吹风机以使得热量分布均匀。

（五）吹风造型的要素

1.自然（头发吹九成干）

（1）按头发的自然生长方向吹。

（2）不施加任何力度。

2.方向

（1）手法方向。

（2）站位方向。

（3）发片直拉方向。

（4）吹风口出风要摆位方向。

3.风向

风向必须按照想要的效果以手位和梳子的摆位方向吹，因为手位和梳子的摆位决定风向的摆放。

4.时间

（1）根据造型要求设定需要加热的时间。

（2）根据头发发质设定需要加热的时间。

（3）局部送风定位加热的时间。

（4）加热后冷风定型的时间。

5.距离

（1）角度提升的距离。

（2）风嘴和头发接触面的距离。

（3）站位的距离。

（4）吹风嘴与头皮的距离。

6.力度

（1）重力：它是指头发本身的重力和地球的吸引力。

（2）支撑力：它是指发根的支撑力和发尾的支撑力。

（3）压力：它是指头发本身的重量制造的压力。

（4）人力：它是指造型过程中施加的人力、拉力。

（5）发片的结构力：它是指发片吹风成结构后产生的力。

（6）风力：它是指吹风机吹出的力。

7.位置

（1）定点：把所有的头发移动到同一个点或面上来吹风。

（2）移动：按造型需要把发片移动到不同的位置来吹风。

8.提升

提升不同的角度会产生不同的层次纹理，高角度纹理细腻，层次面大；低角度纹理堆积，层次面窄。

（1）手位的提升。

（2）发片的提升。

（3）梳子的提升。

9.发根、发中、发尾的变化

（1）发根：制造支持力和固定力。

（2）发中：制造支持力和丰富的层次。

（3）发尾：其结构会决定整体造型的好坏。

10.发型的构成

（1）发型的概念：由线条形成结构，如外斜外卷、外斜内卷、内斜内卷、内斜外卷、垂直内卷、垂直外卷、C型、平卷。

（2）发型的形成：由发片基本结构到发片的构成以及发型整体结构；通过内结构形成后采用人力造型整理完成的结构。

二、任务实施

1.教师布置学生在头模上练习吹风的基础手法。

2.讨论：为什么吹风机送风口要与头发提拉的角度一致？如果不一致会出现什么样的状况？

三、任务拓展

在头模上运用所学知识进行不同手法的吹风练习，观察对比不同手法吹完后的效果，进行归纳和总结。

任务三　直发吹风造型

任务目标

本次任务旨在让学生学习掌握直发吹风造型的技巧，提升圆滚梳和吹风机的配合度。

任务描述

在美发店中很多顾客是直长发，当她们洗完头后，需要进行直发吹风造型，因此本次任务通过系统地示范讲解，使同学们能够熟练地掌握直发吹风造型的技巧。

一、知识准备

（一）准备工具

吹风机、圆滚梳、鸭嘴夹、精油、弹力素、干胶。

（二）操作步骤

1.将湿发吹至半干，以不滴水为准，然后将头发进行分区，分出顶部U形区、月牙区、侧区和颈背区（图6–3–1）。

2.先取侧区的发片，将圆滚梳垫在发片下方发根处，向外转动半圈，使发根以梳顺的状态附在圆滚梳上（图6–3–2）。

3.发片与头皮垂直，吹风机配合圆滚梳，边吹边往外拉，吹风机口与圆滚梳之间的角度接近垂直，使风力集中在圆滚梳与垂直线的切面。重复3~5次直到吹蓬发根（图6–3–3）。

4.发根吹好后，按照同样的方法吹发中和发尾，同样方法重复3~5遍（图6–3–4）。

图6–3–1　分出顶部U形区、月牙区、侧区和颈背区

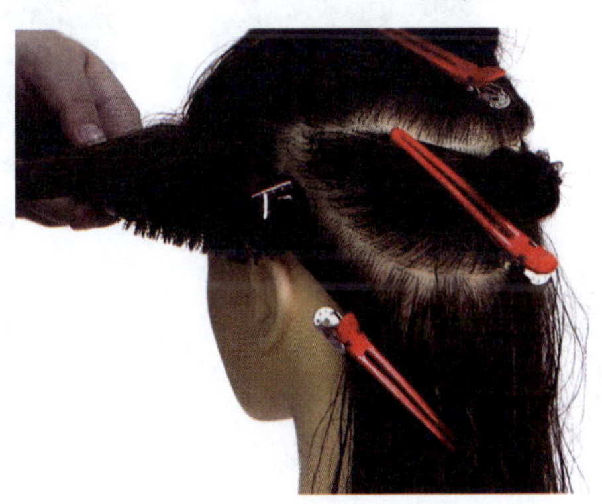

图6–3–2　取发片带至圆滚梳上

图6–3–3　吹蓬发根

图6–3–4　吹顺发中、发尾

5.吹完发中和发尾后的发片呈现一种蓬松的状态（图6–3–5）。

6.将低角度的发片用吹风机和圆滚梳再带过一遍，发尾稍稍向内收（图6–3–6）。

图6–3–5 吹完发中、发尾

图6–3–6 带顺发片使发尾内收

7.侧区发片吹完（图6–3–7）。

8.颈背区的头发也与侧区的操作方法一样，先吹发根，再吹发中、发尾，最后带过一遍，可依据实际的发量将头发分为两片或者三片进行操作（图6–3–8）。

9.以相同手法和步骤完成另一个侧区（图6–3–9）。

图6–3–7 吹完侧区发片

图6–3–8 按相同方法操作颈背部区

图6–3–9 按相同方法操作另一侧区

二、任务实施

1.教师布置学生在头模或者真人头上练习直发吹风技巧。

2.讨论：吹完一片发片后，为什么还要再用风筒带一遍，这样做的作用是什么?

三、任务拓展

在教学开放日中，给顾客洗完头后，运用所学手法帮原本是直发的顾客吹干、吹直。

任务四　内扣吹风造型

任务目标

本次任务旨在让学生学习内扣吹风造型的方法，掌握内扣吹风造型的技巧。

任务描述

内扣造型是中发和长发的女孩子很喜欢的一个造型，能够起到瘦脸，修饰下巴、脸颊的作用，本次任务通过系统地讲解内扣吹风造型的手法，使同学们掌握内扣吹风造型。

一、知识准备

（一）准备工具

吹风机、圆滚梳、鸭嘴夹、精油、弹力素、干胶。

（二）操作步骤

1.采用顶部U形区、月牙区、侧区、颈背区进行全头头发的分区（图6–4–1）。

2.将发片按照吹直的方法吹顺（图6–4–2）。

3.将头发缠绕在圆滚梳上（图6–4–3）。

图6–4–1　分出U形区、月牙区、侧区、颈背区

图6–4–2　按照吹直的方法吹顺

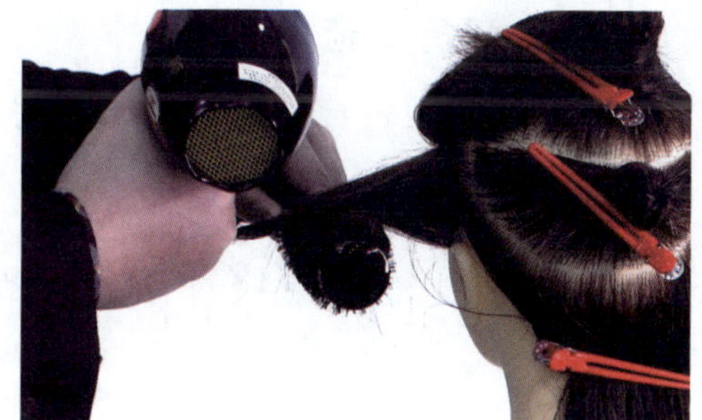

图6–4–3　将头发缠绕在圆滚梳上

4.把发片按45° 角提升，风嘴对着圆滚梳的切面，圆滚梳不停旋转，将发尾收紧，加热吹卷圈数为1.5圈（图6–4–4）。

5.将头发均匀加热后，用吹风机的进风口对着加热过的地方进行冷却塑形（图6–4–5）。

6.用风筒将吹卷的部分轻轻绕出，保护形状（图6–4–6）。

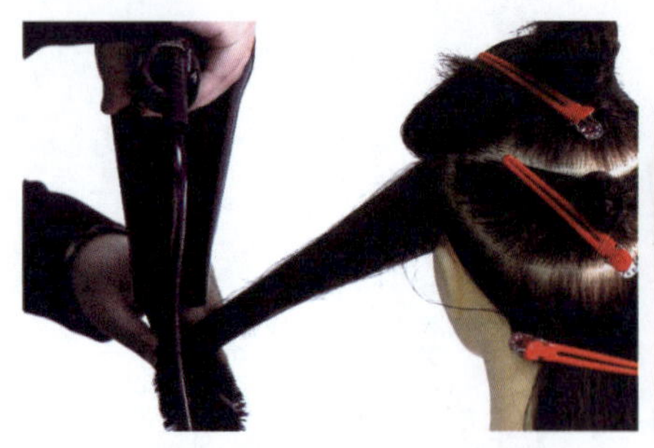
图6-4-4　将头发加热1.5圈

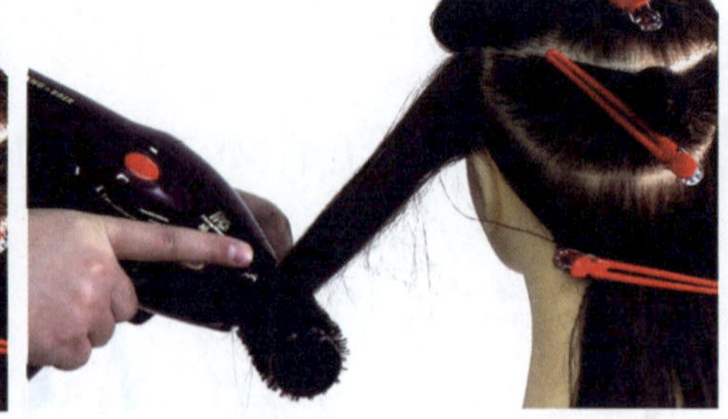
图6-4-5　冷却塑形

图6-4-6　绕出头发保护卷度

7.完成侧区发片的内扣吹风造型效果（图6-4-7）。

8.用同样的方法进行颈背区的内扣吹风造型（图6-4-8）。

图6-4-7　完成侧区发片的吹风效果

图6-4-8　操作颈背区

图6-4-9　完成颈背区吹风效果

9.完成颈背区内扣吹风造型效果（图6-4-9）。

10.另一边的侧区也按照之前的方法操作（图6-4-10）。

图6-4-10　按相同方法操作

二、任务实施

1.教师布置学生在头模或者真人头上练习内扣吹风技巧。

2.讨论：头发缠绕在滚梳上的圈数与形状之间的关系是怎样的?

三、任务拓展

在教学开放日中，给顾客洗完头后，运用所学手法帮原本是直发的顾客吹成内扣造型。

任务五 翻翘吹风造型

任务目标

本次任务旨在让学生学习翻翘吹风造型的方法，掌握翻翘吹风造型的技巧。

任务描述

翻翘造型与内扣造型有相似的地方，也有不同的地方。翻翘造型比较复古，类似于20世纪初期上海舞女和贵妇人的发型，本次任务通过系统地讲解翻翘吹风手法，使同学们掌握翻翘造型的吹风技巧。

一、知识准备

（一）准备工具

吹风机、圆滚梳、鸭嘴夹、精油、弹力素、干胶。

（二）操作步骤

1.采用顶部U形区、月牙区、侧区、颈背区的方法对全头头发进行分区，将侧区的头发进行简单的吹直（图6–5–1）。

2.将吹过的发片放在圆滚梳上（图6–5–2）。

3.吹风机按照从下往上的方向使风口对着头发和圆滚梳的切面（图6–5–3）。

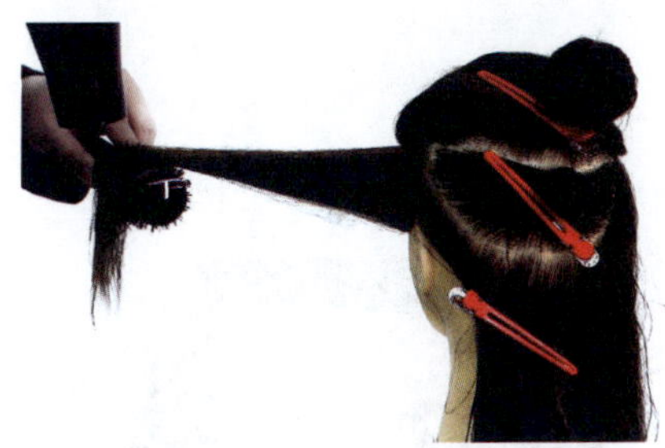

图6–5–1 分出U形区、月牙区、侧区、颈背区

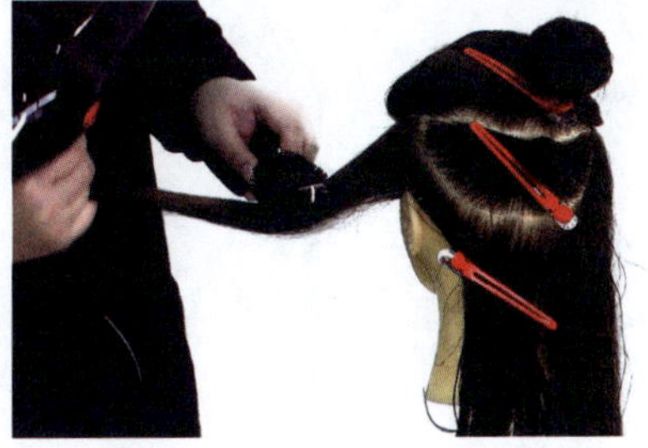

图6–5–2 将圆滚梳放在头发上

图6–5–3 从下往上吹头发

4.一边旋转滚梳，一边收紧发尾，将发尾吹顺、吹卷（图6–5–4）。

5.加热的圈数为1.5圈，并且加热要均匀（图6–5–5）。

6.用吹风机的进风口冷却加热过的地方，使发片塑型（图6–5–6）。

图6–5–4　旋转圆滚梳将发尾吹卷

图6–5–5　将头发加热1.5圈

图6–5–6　冷却塑形

7.用吹风筒将吹卷部分轻轻绕出，不破坏其形状（图6–5–7）。

8.完成侧区的发片翻翘吹风造型（图6–5–8）。

9.颈背区的头发按照发量分两至三片进行操作（图6–5–9）。

图6–5–7　绕出头发保持卷度

图6–5–8　完成侧区发片的吹风效果

图6–5–9　操作颈背区

10.将另一侧区的发片按照之前的方法操作（图6–5–10）。

二、任务实施

1.教师布置学生在头模或者真人头上练习翻翘吹风技巧。

2.讨论：翻翘造型与内扣造型的区别在于何处?

三、任务拓展

在教学开放日中，给顾客洗完头后，运用所学手法帮原本是直发的顾客吹成翻翘造型。

图6–5–10　按相同方法操作

项目七

烫发技术

任务一　冷烫烫发理论知识
任务二　三种基本杠型
任务三　冷烫的操作流程与实操
任务四　定位烫的操作流程与实操
任务五　热烫烫发理论知识
任务六　热烫的上杠杠型
任务七　热烫的操作流程

任务一　冷烫烫发理论知识

任务目标

本次任务旨在让学生学习冷烫的基本原理以及药水知识。

任务描述

冷烫是一种用时短、操作简单、造型变换多、效果较好的烫发形式，也是美发店内常用的烫发方式。

一、知识准备

（一）冷烫的基本原理

人体的每一根头发都是由角蛋白通过双硫键的链接堆叠而成，双硫键十分稳定，冷烫液的第一剂中含有还原剂，能够打开头发蛋白链之间的双硫键，从而使头发失去固定形状，能够重新造型；将头发缠绕于卷杠后适时使用第二剂，氧化作用可以使蛋白链间的双硫键重新就近组合，使新的形状得以固定。

早期的烫发水中通常使用氨水调节pH值，以帮助打开头发毛鳞片，加速反应，因此烫发水有明显的臭味，烫好后的头发也常常有一股难闻的味道，而现在的烫发水比较多地采用了酸性配方，使烫发水的味道得到改善。

（二）烫发剂的分类、成分及功能

冷烫剂分为A剂和B剂。A剂又称为冷烫液、冷烫精，主要成分为氨和硫代醣酸化学成分混合配置的合成物，另外，还有如羊毛脂、蛋白质、润丝剂以及调节剂等其他种类，其中硫代醣酸是改变头发结构的主要成分。氨是碱性的，能使头发膨胀。烫发药水的浓度，可由增加或减少其硫代醣酸和氨的含量加以改变。冷烫液能切断头发中的二硫化键，使头发可以重新塑形。B剂又称为中和剂，含有过氧化氢和溴化钠的成分，能够使断裂的二硫化键重组固定，让头发重新定型，一般与护发剂配合使用。

（三）烫发操作常用工具的种类和功能

1.尖尾梳：尖尾梳在烫发操作时用来梳顺头发、分区、分发片、调整烫发杠的位置。见本书项目三，任务一，图3-1-10。

2.冷烫发杠：此类发杠中间是空心的，绝大部分是不同型号的圆柱形，有部分特殊形状，如三角形、螺旋形、喇叭形等，其作用是将头发缠绕固定在烫发杠上，经过药水的作用使头发形成卷曲的形态。见本书项目三，任务一，图3–1–9。

3.烫发纸：烫发纸是由绵纸制作而成，它能够将头发平整地包在烫发杠上，并且能够吸收渗透烫发药水，使头发可以长时间的与药水充分接触，达到烫发的效果。见本书项目三，任务一，图3–1–11。

4.橡皮筋：橡皮筋可以用来将包好头发的杠子和烫发纸固定起来，选用橡皮筋时要注意选用大小合适的尺寸，太紧会扯疼顾客，在头发上留下印子；太松有可能会使杠子内的头发脱出、变形（图7–1–1）。

图7–1–1　橡皮筋

图7–1–2　毛巾

5.肩托盘：肩托盘是在滴入冷烫精和定型剂时使用的，用来接住滴落下来的药剂，避免药水滴落在顾客的身上。见本书项目三，任务一，图3–1–12。

6.毛巾：将毛巾卷成束，绕额头一圈用橡皮筋扎起，可以防止药水流到顾客的面部（图7–1–2）。

7.浴帽：上完药水后，带上浴帽，可以防止药水挥发，起到一定的保温作用（图7–1–3）。

8.红外线加热仪：加热可以缩短药水的反应时间，针对抗拒性发质可以使药水的效果更加明显。见本书项目三，任务三，图3–3–5。

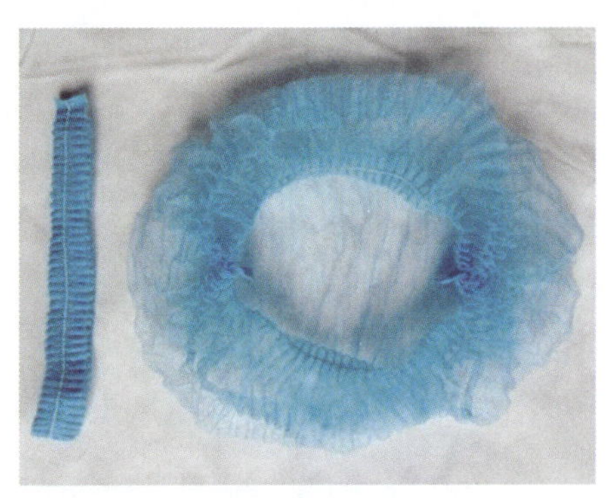
图7–1–3　浴帽

9.定位夹：定位夹可以在定位烫、纹理烫或者处理一些短发时使用（图7–1–4）。

图7–1–4　定位夹

二、任务实施

1.教师布置填空题和连线题，让学生根据所学内容进行练习。

2.教师准备好以上提到的烫发工具，放在手推车上。

3.把学生分为4组，每组学生对教师所选择的物品进行抢答。

4.教师根据学生的回答情况给每组计分，最后公布每小组的成绩。

三、任务拓展

在网上查找收集冷烫发型效果图，并且了解这些发型是运用冷烫中的什么方法制作而成。

任务二　三种基本杠型

任务目标

本次任务旨在让学生学习冷烫的三种基本杠型，了解其排列方法。

任务描述

三种基本杠型是烫发的基础，也是日常使用最多的烫发杠型，学会了这三种杠型，对同学们以后的学习和工作会有很大的帮助。

一、知识准备

（一）三种基本杠型的简介

1.标准形：比较适合常规短发烫发，按照发型需要可分为五分区或六分区，五分区适合向后梳理的发型，而六分区适合较短的发型（图7–2–1）。

2.砌砖形：比较适合发量较少的人（图7–2–2）。

3.蛇仔形：适合长发螺旋发型的人（图7–2–3）。

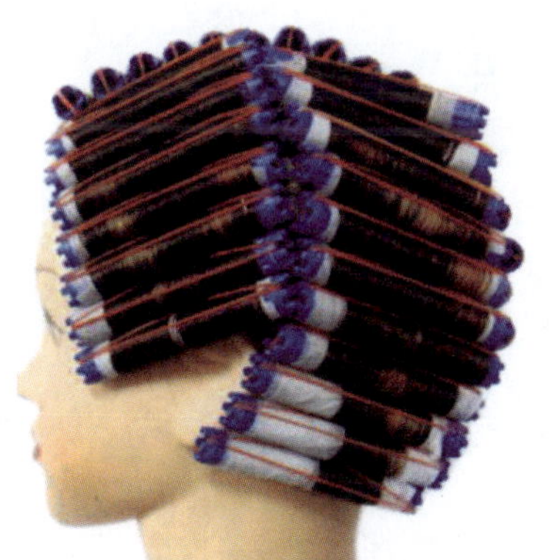

图7–2–1　标准形

图7–2–2　砌砖形

图7–2–3　蛇仔形

（二）三种基本杠型的排列方法

1.标准杠

（1）分区

标准杠先要对头发进行分区，沿着中线(轮廓线)左右各取杠长的40%(总宽为杠长的80%)做两条与中线平行的线(到颈点处宽度变窄，约为杠宽的60%左右)，中间的部分为中间区。从发际点到顶点的部位为①区,顶点到黄金点为②区，黄金点到后部点为③区，下面的部分为④区；再把中间区两边的头发从顶点附近向耳点和耳后点中间部位划一条弧线，从而分成两个区。

（2）上杠

从中间区开始上杠，发片的厚度大约为杠子的半径，一般第一个发片可以取得稍薄一些；整个中间区共上20根杠左右；前5根杠的提升角度在105° ～120° ，后5根杠的提升角度在90° ～105° ，其余杠子的角度基本保持在90° 。

接着上侧后区，从上面开始，第一个发片为三角形，杠前端倾斜，第二个发片仍为三角形，第三个发片角度斜平，第四个发片角度基本上已经变成水平。这个区排10根杠左右，最下面的头发较少，可以卷在杠子的一头，防止与中间的杠子挤压。

最后上侧前区，一般上7根杠子左右。

（3）标准杠的特点

标准杠上杠总数在50根左右，标准杠的发片大部分为水平发片。

标准杠的花形大方，纹理感强。

2.砌砖杠

（1）分区

砌砖杠一般不必对头发进行分区(心中有区即可；三条参考线分别是：侧中线、对角线和平行线；以这三条线分出4个区)。

（2）上杠

砌砖杠是按层排杠，脑门处排1根杠;第2排是交错的2根杠；第3排是与第2排交错的3根杠(这时中间的杠与第1根杠平行)；第4排是4根杠；第5排是头顶最宽的部位为5根杠(中间杠与第1杠平行)，形成“12345”的结构。这时杠子应排到顶点位置，提拉发片角度在105° ～120° 。

接着按“4321”的方式往下排，排到1时，杠子基本上应该在黄金点处；拉片角度为90°～105°；再往下以“43232”的方式排后部点，角度为90°；再往下以“322”或“22”的方式排后部点，该区的拉片角度一般为75°左右，全部杠子数量为50根左右。注意，砌砖杠绝大多数是取圆弧状发片。

（3）砌砖杠的特点

砌砖杠的表现强调蓬松、饱满和整体的圆润。

3.蛇仔杠

（1）分区

1区是由颈点向上，以杠子的8分宽划分出一条水平线；再从该水平线向上，以杠子的8分宽划分出一条U字线(该区的特点是上窄下宽)；剩余的U字线划分为3区U字形。

（2）上杠

先从颈点的中间上1区杠，中线两边各一条杠，可取较少发片，以便两条杠间的缝隙较小，然后往两边排列，拉片角度为90°，共上10根杠左右。注意杠子的上部不要高过水平线，以免与上一区发生挤压。2区的角度也是90°，发片主要为梯形，该区排20根杠左右。3区按中间线又分为两半，每个半区为半圆形，这四个半圆形的区从中心点再进行放射分区，每个区分为两片放射发片，上杠的时候位置交错开来，一根杠子向中心点偏移，另一根杠子偏离中心点。该区总共可以上8根杠，或者每个半圆先平分三片，再细分成6片，上6根杠，共12根。

（3）蛇仔杠的特点

蛇仔杠的花形呈圆筒状，凝聚力强，但蓬松度远远达不到平烫(平卷)的效果，因此，一般只用于组合烫，不单独使用。

（4）发片与角度

发片一般为杠子的8分宽，厚度大于杠子的半径，但小于直径。

①水平发片划分线与地面平行，体现轻柔感。

②直立发片划分线垂直地面，体现厚重感。

③内斜发片前低后高，纹理流向向前。

④外斜发片前高后低，纹理流向向后。

⑤交叉发片呈网状，多用于检查发片的裁剪精确度。

⑥圆弧发片是带有弯形的发片，内圆弧向中间聚拢；外圆弧随划分线向四周扩散。

⑦放射发片三角形呈伞状，以一个点向四周散开。

拉发片时要看发片中心点(圆点)与头皮形成的角度，并以此为该发片的标准。左右拉发片控制圆点（即发卷的左右位置和头发是否翘杠）；前后拉发片控制角度，即发卷向前或向后，控制前后发卷间的缝息。

拉发片时先用梳子呈45°角进发片，提过前一个发卷后转腕成105°角后拉出；发纸要放在发片和手之间，发杠放在发片前面；杠子的摆放一定要与划分线平行，这样才能保证不会出现翘杠的现象。

对竖杠来说，高角度拉发片，做出的花型展开面大，比较蓬松，花型易散开，凝聚力差；低角度拉发片花型展开面小，比较服帖，不易散开，凝聚力强。

二、任务实施

1.教师准备练习题，让学生在课堂上通过小组抢答的方式学习理论知识。

2.把学生分成3组，通过抽签决定每组需要学习的基本杠类型，在教师的指导下合作练习（表7–2–1）。

表7–2–1　基本杠型实操评价表

评价内容	分　值	学生自评	组长评分	教师评分
准备工作	10			
能准确划分分区	25			
上杠操作标准、熟练	25			
整体造型干净、整洁	20			
团队合作	10			
遵守纪律	10			

3.教师根据各个小组的表现给出成绩。

三、任务拓展

在网上收集三种基本杠型的真人冷烫效果图，分析其造型特点。

任务三 冷烫的操作流程与实操

任务目标

本次任务旨在让学生掌握冷烫操作的流程，能够独立地完成实操练习。

任务描述

冷烫是烫发的一种大类，又称为“化烫”，是指能够在常温下利用化学药剂的反应完成烫发过程的一种形式。冷烫造型变化比较多，过程简单，在市场上很受欢迎。

一、知识准备

（一）冷烫操作流程

1.询问顾客近期头发的情况，是否有过烫发、拉直、染发等。

2.判断顾客的发质，选用适合顾客发质类型的药水。

3.围好围布、披肩，垫好毛巾。

4.进行烫前修剪、设计造型，选用符合发型设计的杠子，决定卷曲的圈数。

5.分区、上杠，并且注意杠子的排列要整齐，不压发根，也不卷曲发梢。

6.用毛巾卷成束状，围在杠子下方的额头处，用橡皮筋固定。

7.第一遍滴加少量冷烫药水A剂，使头发的毛鳞片充分地打开，再立刻滴加第二遍，让药水尽量地渗透每一根发杠，但不能滴加过多，以免造成药水流到顾客的脸上。

8.上完药水后，给顾客带上浴帽，如果想要加快反应时间，可以选用红外线加热仪，加热10分钟。

9.根据发质和所选的药水确定反应的时间，20分钟后开始每隔5分钟检查药水的反应情况，采用拆开一根杠子的方式来检查，如果头发还没有成型，可再上一遍药水，加热5分钟，如果达到了预期效果，示意顾客去洗头床冲水。

10.采用流速稍缓、冲击力小的温水带杠冲水，冲干净冷烫药水，用干毛巾吸干发杠上多余的水分。

11.让顾客继续躺在洗头床上，进行定型剂的涂放，定型的时间一般不超过15分钟，超过的话会使头发毛躁，失去光泽。

12.时间到后，拆杠观察发根是否有压痕，若有，则需要用手轻轻地揉搓发根，把压痕消除，然后冲干净定型剂，用洗发水洗干净头发，在发中和发尾处涂抹护发素，然后停留3~5分钟，最后冲洗干净。

13.给顾客吹干，进行烫后修剪和造型即可。

（二）实操演示

1.准备冷烫所需的工具和药水。见本书项目三，任务二，图3–2–4、图3–2–5。

2.给顾客垫好毛巾、披肩（图7–3–1）。

3.进行烫前修剪、设计造型（图7–3–2）。

4.分区、上杠（图7–3–3）。

5.用毛巾卷成束状，围在杠子下方的额头处，用橡皮筋固定滴加冷烫药水A剂，停留15～25分钟（图7–3–4）。

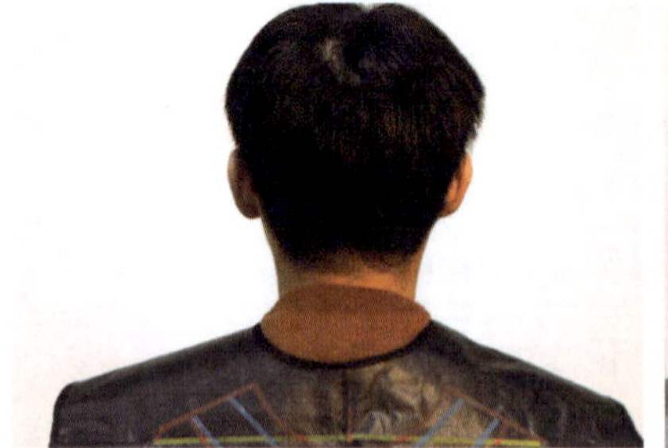
图7–3–1　垫好毛巾、披肩

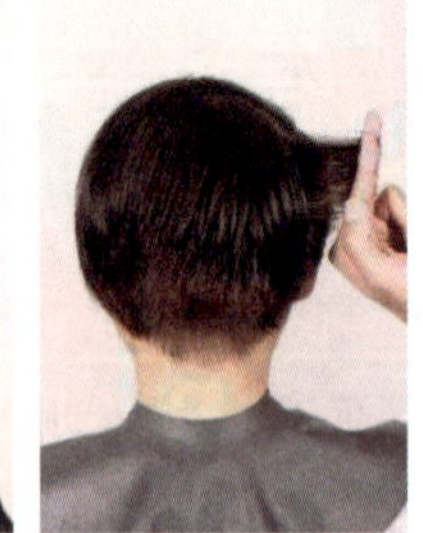
图7–3–2　烫前修剪和设计造型

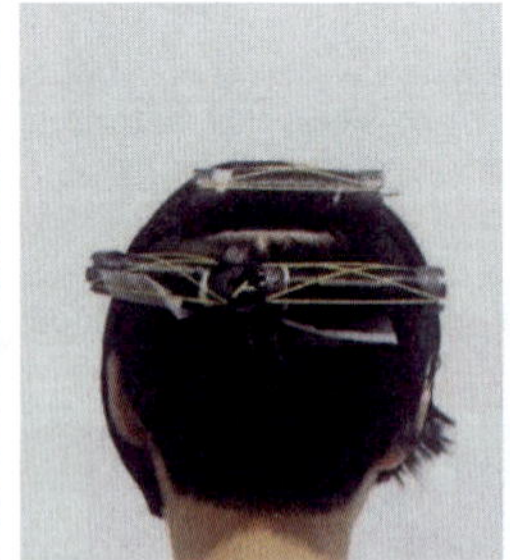
图7–3–3　分区和上杠

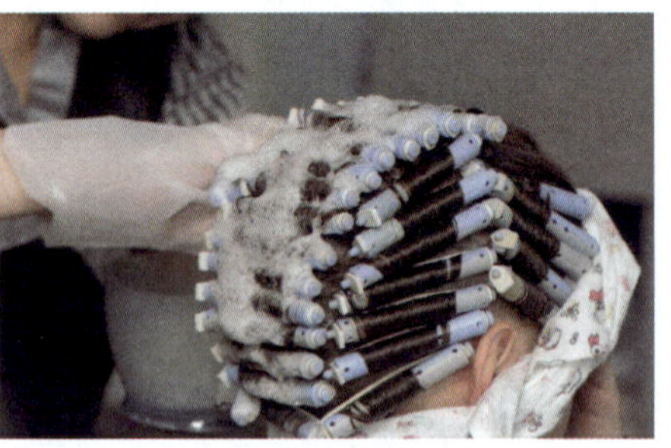
图7–3–4　固定头发，滴加冷烫药水A剂

6.带杠冲洗干净冷烫药水A剂后，立刻滴加冷烫药水B剂，定型10分钟，拆杆冲洗既可（图7–3–5）。

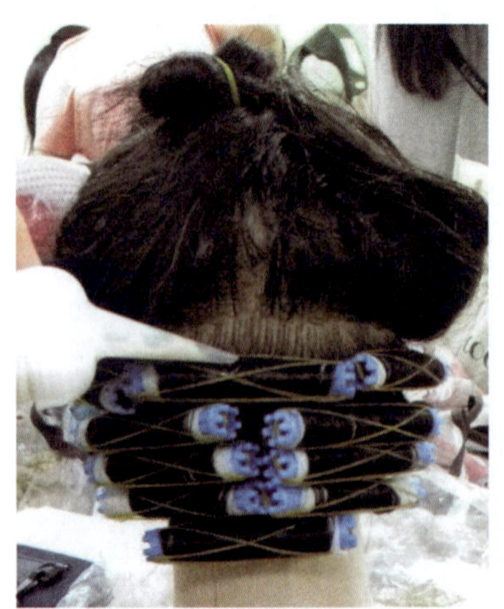
图7–3–5　滴加冷烫药水B剂

二、任务实施

1.把学生分成10～12组，每组合作轮流练习冷烫的操作流程。

2.教师根据每组学生的表现给学生的练习打分，最后公布小组成绩（表7–3–1）。

表7–3–1 冷烫的操作流程与实操评价表

评价内容	分 值	学生自评	组长评分	教师评分
准备工作	5			
能按照所学步骤进行操作（步骤/5分）	65			
整体造型干净、整洁	20			
团队合作、遵守纪律	10			

三、任务拓展

每位学生利用课余时间，在头模或者真人头上练习冷烫造型，将作品图片发到班级QQ群里。

任务四　定位烫的操作流程与实操

任务目标

本次任务旨在让学生学习定位烫的排列及操作流程。

任务描述

定位烫又称纹理烫，是时下很流行的烫发方式，深受短发顾客的喜爱，因此掌握定位烫这项技能对同学们将来的工作会非常有帮助。

一、知识准备

（一）定位烫的排卷方式

1.品字排布。

2.十字放射排布。

3.偏向排布。

（二）定位烫的使用工具

1.定位夹。

2.烫发纸。

3.尖尾梳。

4.冷烫药水。

（三）定位烫的操作流程

1.将顾客头发修剪至合适长度。

2.喷湿头发，用尖尾梳分出约1平方厘米的小发片。

3.烫发纸如图7-4-1所示折叠成长方形，保留折痕后展开。

4.将烫发纸包好发片，卷成小卷，用定位夹固定。

5.根据所设计的发型选用之前所学的排列方式，重复步骤2~4将全头的头发卷好。

6.用毛巾将顾客的额头围扎起来，垫入肩托盘。

7.滴加冷烫药水A剂，确保每一片发片都有足够的药水渗入。

8.根据顾客的发质情况，等待20分钟后拆开一个发卷，观察头发的情况，看看是否达到所需的波形，如果不成型，则需要重新滴加药水，加热5分钟后再做检查。

9.引导顾客去洗头床冲洗，这个过程不需要拆开定位夹和烫发纸，用较小的水流进行冲洗，将冷烫药水A剂冲洗干净。

10.将头发多余水分用毛巾吸干。

11.加入冷烫药水B剂，也称为定型剂，静待15分钟，然后拆杠进行冲洗。

12.吹干，进行烫后造型即可。

（四）实操演示

1.准备定位烫所需的工具和药水（图7-4-1）。

2.给顾客垫好毛巾、披肩（图7-4-2）。

3.喷湿头发，用尖尾梳梳顺（图7-4-3）。

4.用尖尾梳在黄金点位置分出方形小发片（图7-4-4）。

5.将烫发纸折成三折，打开折痕（图7-4-5）。

6.用烫发纸按照折痕包裹好发片（图7-4-6）。

图7-4-1　准备工作

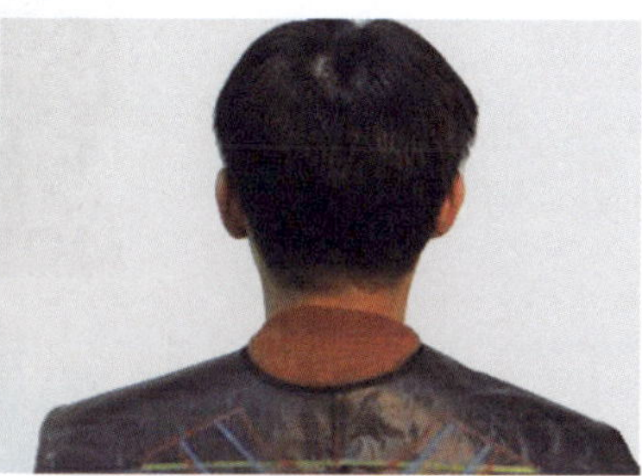

图7-4-2　垫好毛巾、披肩

图7-4-3　喷湿头发

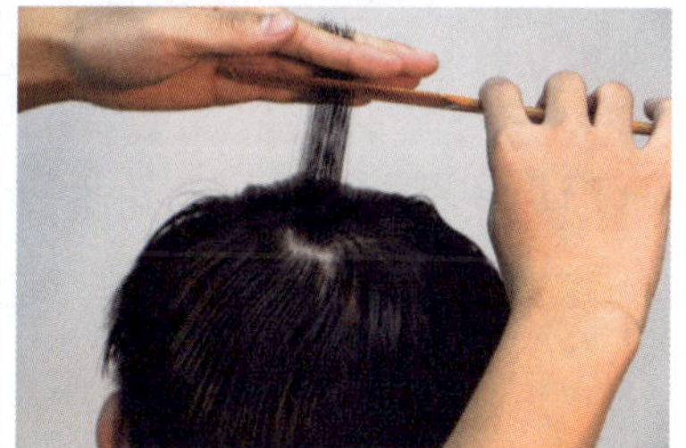

图7-4-4　分出方形小发片

7.一只手固定发根，另一只手将烫发纸由发梢向根部卷曲（图7-4-7）。

8.用定位夹固定好发卷的根部（图7-4-8）。

图7-4-5　折好烫发纸

图7-4-6　包好发片

图7-4-7　由发梢向根部卷曲

图7-4-8　用定位夹固定

9.按照一定的排列方式，继续取发片，重复步骤4~8，直至全头的排卷完成（图7-4-9）。

10.排布好卷后，用毛巾围好额头，防止冷烫液流到顾客的脸上，要滴加软化剂（图7-4-10）。

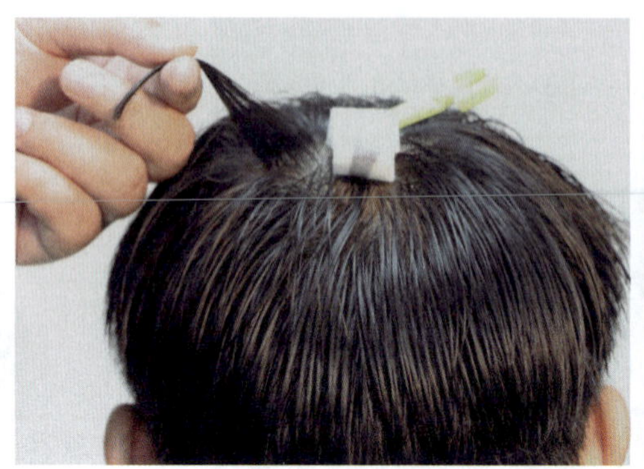

图7-4-9　全头排卷　　图7-4-10　滴加软化剂

11.软化完毕后，用温水带发卷冲洗，将冷烫药水A剂洗掉（图7-4-11）。

12.用毛巾吸干多余的水分，滴加定型剂（图7-4-12）。

13.定型完毕后，拆掉发卷，将发根的印痕搓散并冲掉定型剂，放护发素至发中、发尾处护理3~5分钟，冲洗干净（图7-4-13）。

14.吹干，进行烫后造型，完成整个定位烫流程（图7-4-14）。

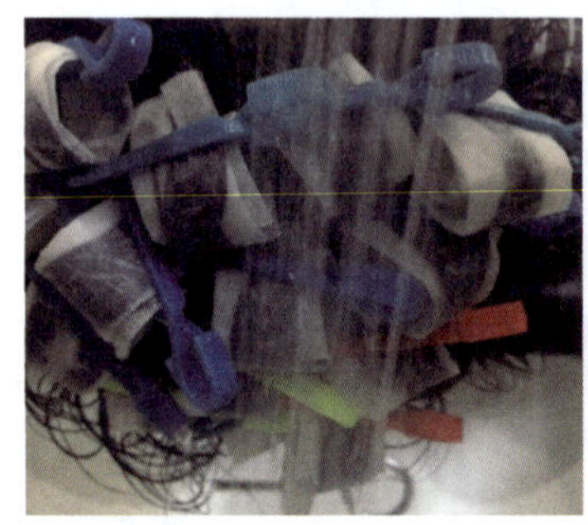

图7-4-11　带杠冲水

图7-4-12　滴加定型剂

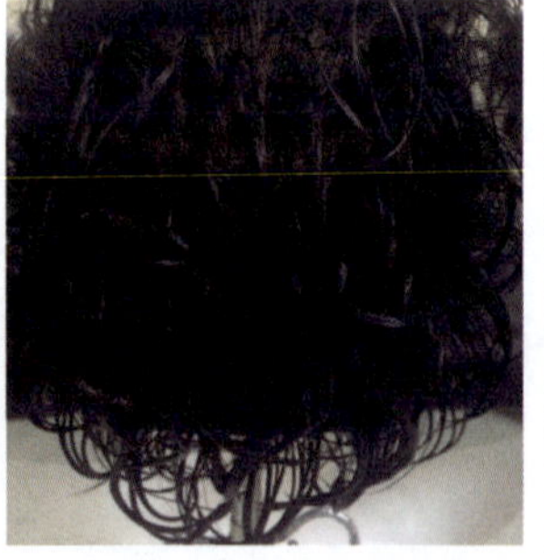

图7-4-13　冲洗护理

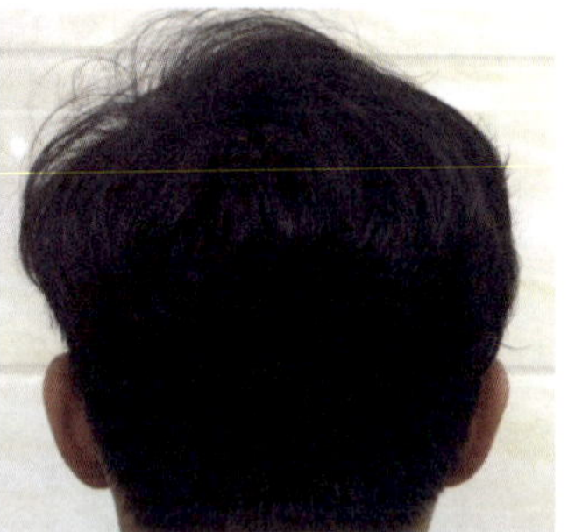

图7-4-14　吹干造型

二、任务实施

1.把学生分成10～12组，每组合作轮流练习定位烫的操作流程。

2.教师根据每组学生的表现给学生的练习打分，最后公布小组成绩（表7-4-1）。

表7-4-1　定位烫的操作流程与实操评价表

评价内容	分　值	学生自评	组长评分	教师评分
准备工作	10			
能按照所学步骤进行操作（5分/步骤）	60			
整体造型干净、整洁	20			
团队合作、遵守纪律	10			

三、任务拓展

每位学生利用课余时间，在头模或者真人头上练习定位烫造型，将作品图片发到班级QQ群里。

任务五　热烫烫发理论知识

任务目标

本次任务旨在让学生学习热烫烫发的理论知识，了解热烫和冷烫的区别。

任务描述

热烫需要使用仪器、药水及发杠来烫出发型，它可以改变头发内外部的结构，无论是湿发还是干发效果保持得都很好，所以很受消费者的喜爱。

一、知识准备

（一）热烫的基本认识

在头发的原本链接上，由于热烫1剂的作用，阿摩尼亚将头发的毛鳞片打开，乙硫醇酸进入头发的皮质层内，切断了头发的二硫化物键之间的链接，由于发杠的外力作用，二硫化物键产生了位移和变化。给头发加热的时候，随着水分的不断蒸发，头发内的氢键由原本被水切断的形态变为链接状态，在温度为120℃～140℃的时候，氢键会产生记忆的功能，氢键的链接也会更稳定。待温度冷却下来后，加入热烫2剂，2剂中的溴酸钠或过氧化钠将二硫化物键进行重组，这样头发的型就定好了。

（二）热烫与冷烫的区别

1.相同之处

都是利用还原、氧化反应的原理进行烫发。

2.不同之处

（1）是否需要加热

热烫添加高温加热的程序，通过发杠高温加热使头发产生热度，使氢键重新链接、记忆，冷烫则不用加热。

（2）卷度上的差异

热烫：湿发与干发卷度差异性大，花型可塑性强，干发比湿发卷度伸展性更强。

冷烫：湿发比干发卷度更强。

（3）发质上的要求

热烫:对发质可选性范围较广。

冷烫:只局限于偏健康的发质，对于受损发质效果不理想。

图7-5-1　抗拒性发质

（三）烫前发质分类及软化判断

1.抗拒性发质（粗硬发质）

特点：头发浓密，弹性好，乌黑富有光泽，发量多，触感生硬，伴有自然卷（图7-5-1）。

常见问题：软化速度太慢、成型后卷度太卷，色度一般为2度的黑色。

解决方案：可以通过加热来缩短软化的时间，提高效率；尽量选用直径大的杠子，避免选用小杠，上杠时拉头发的力度不要过大。

2.正常发质

特点：发质健康正常，表面光滑柔顺，发色比抗拒性发质略浅，一般为3度的自然黑色，弹性良好（图7-5-2）。

图7-5-2　正常发质

图7-5-3　细软发质

常见问题：无。

解决方案：适用于任何类型。

3.细软发质

特点：头发毛鳞片层数为6~8层，色度为4度的棕黑色，水分不多，发根服帖，看起来感觉发量少而稀疏（图7-5-3）。

常见问题：容易干枯毛躁，烫后效果不明显，发尾容易分叉。

解决方案：选用弱酸性的烫发药水，或者在烫发之前先用PPT还原酸护理毛鳞片，选用偏小号的杠子，增加烫发的弹性。

二、任务实施

1.把学生分为4～6小组，使用小组合作学习的方式进行理论知识的学习。

2.教师在课堂上准备练习题，让小组成员进行抢答。

3.根据各个小组的回答情况统计分数，最后公布各个小组的成绩。

三、任务拓展

在网上收集热烫造型图片，根据图片分析热烫造型的特点。

任务六　热烫的上杠杠型

任务目标

通过展示五种常见的热烫上杠杠型，本次任务旨在让学生把这五种杠型练熟，并且能根据顾客的头型、发量、修剪的发型进行修改和变换。

任务描述

相对于冷烫而言，在相同发质的情况下，热烫的持久度远远高于冷烫，所以学会热烫的上杠杠型对同学们以后的学习和工作会有很大的帮助。

一、知识准备

（一）认识热烫的工具和设备

1.陶瓷机、数码机。

2.发杠、隔热棉片。

3.发纸。

4.药水。

（二）了解热烫程序

1.洗头（加护发素）。

2.剪发。

3.吹干。

4.涂放软化剂（1号药膏）（注意：首先选择发杠型号，其次设计卷杠圈数，再次计算软化长度，最后决定涂放软化剂在发片上的长度）。

5.软化测试（注意：软化测试要在不同区域的头发上分别进行，同一束头发分别做发根、发腰、发尾的测试；软化冲水后建议在发尾处涂抹少量软化剂）。

6.冲水（乳化）。

7.上卷杠。

8.加热（间接性高温法）。

9.滴放定型剂（2号药水）（注意：定型反应时的温度越高，对头发伤害越大，所以要等冷却到位时才上定型药水；滴放定型药水时要均匀饱和；等待8～15分钟）。

10.冲水。

11.吹风造型。

（三）热烫的五种上杠杠型

1.伞烫上杠杠型（13个发杠）

（1）分区、分份

第1～4层分别以耳后点、耳上点、前侧点为基准，头顶中分线用“之”字形划分（图7-6-1）。

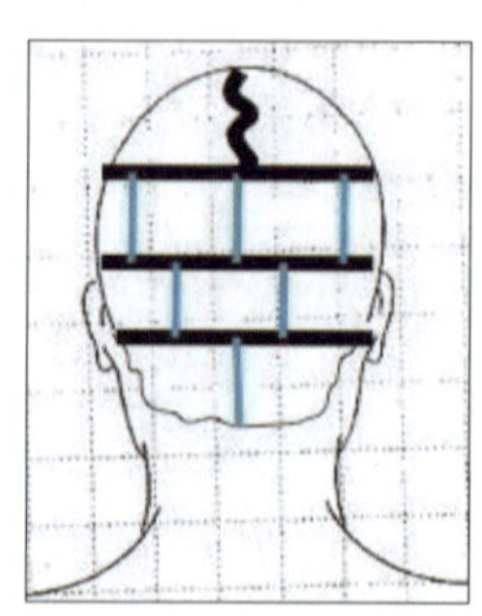
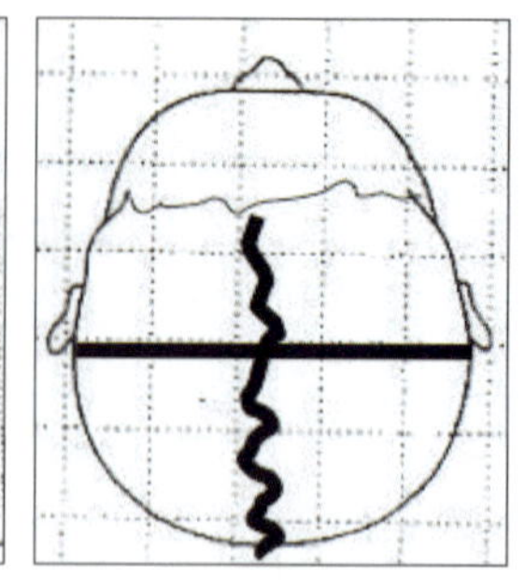
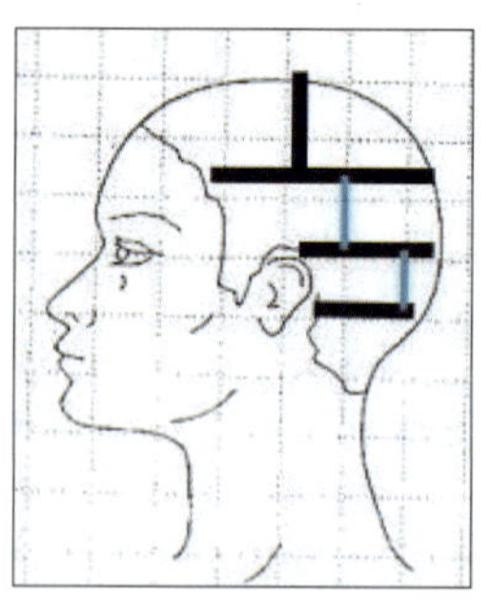

图7-6-1　伞烫上杠杠型

“品”字形（砌砖）。

（2）卷杠

第一层：2个发杠，90°角提拉，发杠摆平，卷向向下。

第二层：3个发杠，60°角提拉，发杠摆平，卷向向下。

第三层：4个发杠，90°角提拉，发杠摆平，卷向向下。

第四层：4个发杠，90°角提拉，每个发片对角向下卷杠（图7-6-2）。

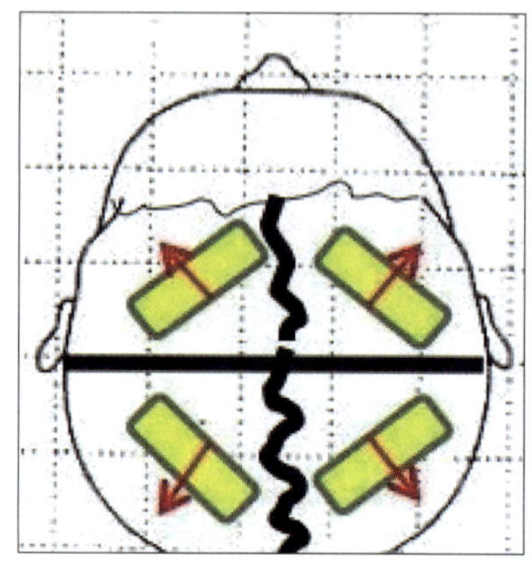

图7-6-2　排卷方向

2.半头大波上杠杠型（7个发杠）

（1）分区、分份

U形区，从前侧点到黄金点划弧线。

中区与下区以耳上点为基准。

（2）卷杠

下区2个发杠，60°角提拉。

中区4个发杠，90°角提拉。

头顶U形区1个发杠，90°角提拉（图7-6-3）。

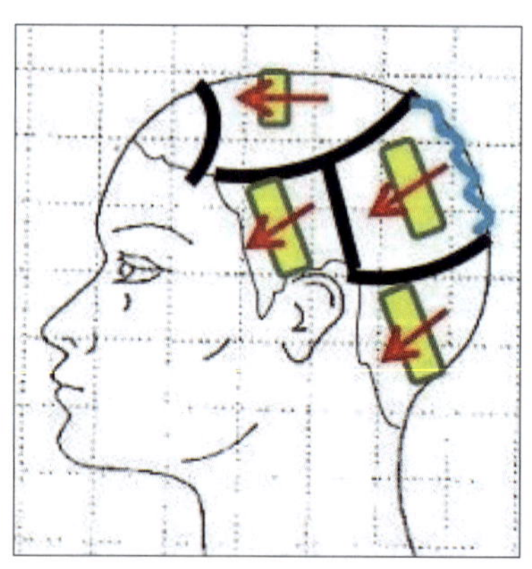

图7-6-3　排卷方向

3.经典大花上杠杠型（11个发杠）

（1）分区、分份

U形区，从前侧点到黄金点划弧线。

中区与下区以耳上点为基准，中区斜前分份。

蓝色线为“之”字形划线。

（2）卷杠

下区2个发杠，提拉60°角，斜前摆杠，向前卷杠。

中区6个发杠，提拉90° 角，斜前摆杠，向前卷杠。

上区3个发杠，提拉90° 角，向后卷杠（图7–6–4）。

4.半扭转上杠杠型

（1）分区、分份

横向分5个分区（图7–6–5）。

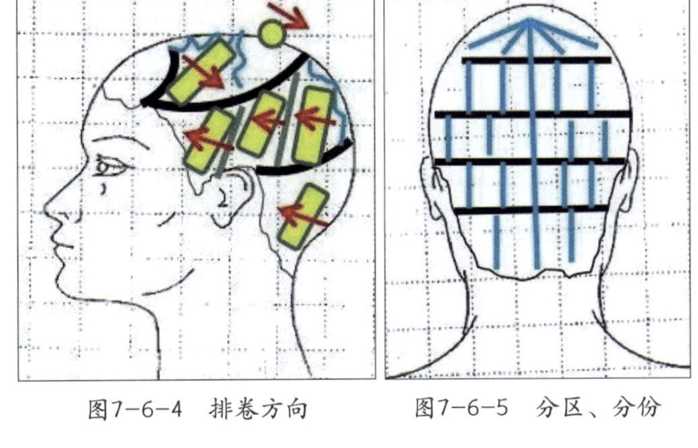

图7–6–4 排卷方向　　图7–6–5 分区、分份

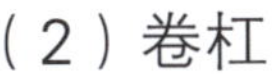

（2）卷杠

入卷方向：发根至发尾。

卷杠方法：半缠绕半扭转（发片先向后扭转，再向前片状缠绕1圈），重复此动作至发尾。

低角度提拉，带紧张力，转折的折痕要清晰，片状的位置也要清晰。

5.内扣梨花上杠杠型

（1）分区、分份

分A、B、C共3个垂直分区：A区平均分成3份；B区平均分成2份；C区平均分成1份（图7–6–6）。

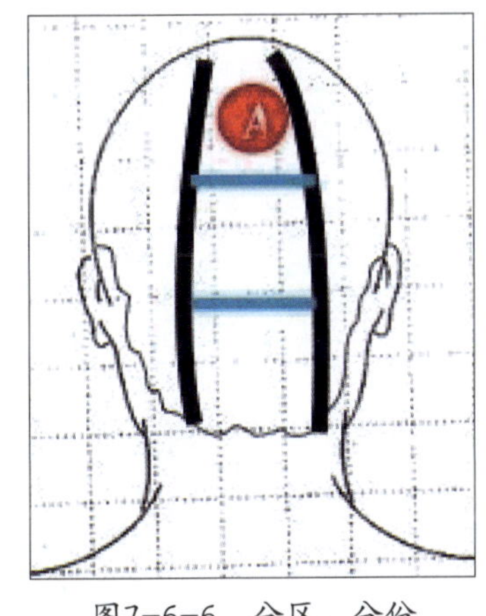

图7–6–6 分区、分份

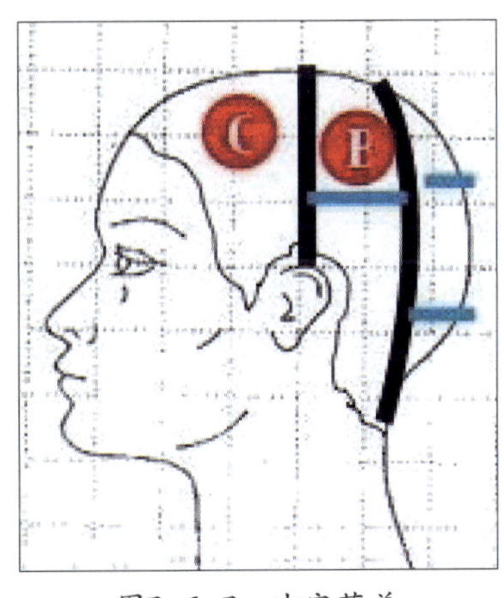

图7–6–7 决定落差

（2）卷杠

低角度45° 提升，摆杠与剪切口平行，向下卷杠1.5圈，上层的发杠型号比下层大一号，卷杠的落差依据发型层次的落差而定（图7–6–7）。

二、任务实施

1.教师向学生进行实物展示，认识热烫所需的工具和仪器。

2.教师亲自操作展示，向学生讲解热烫上杠杠型的操作技巧和注意事项。

3.学生分为4～6组，抽签决定本小组练习的杠型，小组同学合作完成练习。

4.教师根据每个小组的表现情况和练习结果给各个小组打分，最后公布小组得分（表7–6–1）。

表7-6-1　热烫烫发实操评价表

评价内容	分　值	学生自评	组长评分	教师评分
准备工作	10			
能准确划分分区、分份	40			
能准确判断软化程度	20			
整体造型干净、整洁	20			
团队合作	5			
遵守纪律	5			

三、任务拓展

学生课后自行选择一种杠型进行练习，然后把作品拍照发到班级QQ群里。

任务七　热烫的操作流程

任务目标

本次任务旨在让学生学习美发店的热烫操作流程，熟练掌握操作流程，进行热烫实操。

任务描述

通过学习热烫的操作流程，同学们可以在未来胜任整个热烫的工作，并且可以按照标准化的流程进行操作，可以最大限度地保证操作的专业性，达到设计发型的效果，给顾客一个良好的消费体验。

一、知识准备

（一）热烫的操作流程

1.与顾客沟通，了解顾客的需求，根据顾客的需求给其设计合适的发型，将头发按照烫发设计的要求修剪好。

2.判断顾客的发质，选用适合的热烫药水，如果是受损发质，则需要进行烫前护理。

3.分好区，涂抹软化剂，按照设计的圈数判断需要涂抹的部位，根据发尾受损与否来判断是否分二次涂抹。

4.用保鲜膜将涂抹软化剂的部位包裹起来，根据发质情况和产品的药效放置20分钟以上。

5.进行软化测试，在两侧、后面等不同的位置，取一小束头发进行拉力测试，判断头发的软化程度，如果还未达到70%~80%的程度，则需要继续放置，或者采取红外线加热的方式加快软化速度，但是要时刻注意不要过度软化，否则头发会完全丧失弹性变为极度受损发质。

6.带顾客去冲水，将软化剂冲洗干净，用毛巾把头发中水分擦干至不滴水。

7.按照烫发设计的发型进行上杠，夹好隔热棉，插上连接线。

8.将温度调整到100℃，时间设定为3分钟，进行预热，并在此时检查杠子是否通电，有没有接触不良的情况。

9.预热结束后，进行第一次加热，温度设定为140℃，时间为8分钟，时间结束后，等待温度下降至60℃~80℃后，进行第二次加热，设定为120℃，时间为6分钟。

10.待温度下降至60℃左右，打开隔热棉，观察头发的含水量，如果还含有较多水分，则需要进行第三次加热，将水分蒸发。

11.拆掉连接线，把热烫杠换成冷烫杠，注意在这个过程中不要破坏杠子的卷度。

12.给顾客垫上肩托盘，上定型剂，定型为15分钟，冲洗拆杠，用护发素护理3~5分钟后，冲洗干净。

13.将顾客头发吹干，完成整体造型。

（二）烫后注意事项

1.向顾客交代好打理造型的方法。

2.推荐相应的洗护、造型产品。

3.用专业的毛发生理知识解答顾客烫发后容易出现的问题。

二、任务实施

1.教师根据热烫设备进行分组，每组至少2人。

2.学生按照实操流程，在头模或者真人头上练习。

3.根据所学知识完成以下任务（表7–7–1）。

表7–7–1　热烫的操作流程评价表

评价内容	分　值	学生自评	组长评分	教师评分
能按照所学步骤进行操作（5分/步骤）	65			
能准确判断软化程度	15			
整体造型	20			

三、任务拓展

如果你接待了1位长发客人，如何说服她进行烫发？如果客人的发质是受损发质，需要进行哪些准备工作？

项目八

染发技术

任务一　染发基础理论知识

任务目标

本次任务旨在让学生了解染膏的种类和作用。

任务描述

人们可以通过染发来改变发色，这一美发操作需要使用染膏，发型师需要学习染发的基础知识和产品的种类与作用，这样才能更好地达到操作目的。

一、知识准备

（一）染发剂的种类

1.按产品性能分类

（1）暂时性染发剂：暂时性染发剂也叫作彩喷。这类染发剂只能覆盖在头发的表皮层，不会进入皮质层，水洗过后，头发便会恢复原来的颜色。见本书项目三，任务二，图3–2–9。

（2）半永久性染发剂：这类染发剂能保持颜色的时间大概在一个月左右，这些染料分子会镶嵌在毛鳞片中，一部分进入皮质层，因此它比暂时性染发剂更耐水洗。不过随着水洗的次数变多，颜色也会慢慢褪去。见本书项目三，任务二，图3–2–8。

（3）永久性染发剂：这类染发剂都有一个共同的特点，那就是在使用的过程中都需要加入氧化剂，这样一来色素分子才能在头发中显色，这类染发剂能使颜色保持比较久的时间。见本书项目三，任务二，图3–2–7。

2.按产品成分分类

（1）金属性染膏：这种染发膏中含有重金属离子，染后难以掉色，以黑油为代表（图8–1–1）。

图8–1–1　金属性染膏

（2）植物性染膏：成分中大多含有天然色素，对人体基本无害，但是上色慢，颜色不持久，色彩单一，多为棕色、黑色，在市场上并未大量投入使用（图8–1–2）。

（3）有机合成性染膏：由多种化学物质按照一定的比例调配而成，上色效果好，掉色慢，是目前市场上的主流产品（图8–1–3）。

图8–1–2　植物性染膏

（二）染发剂的成分与作用

1.阿摩尼亚：主要成分为氨水，气味刺鼻，对人体的呼吸道黏膜有刺激作用，可以打开头发的毛鳞片，使染发剂中的色素分子进入皮质层内。

2.人造色素：利用各种化学成分人工合成的色素，需要氧化膨胀后才能显色。

3.护理基底乳剂：属于染膏的填充成分，对头发有一定的保护作用。

4.香精：使得染发剂的味道稍微温和，掩盖阿摩尼亚的味道。

5.水：使得染发剂处于膏状，用来保持产品的特性。

图8–1–3　有机合成性染膏

（三）永久性染发剂的作用机理

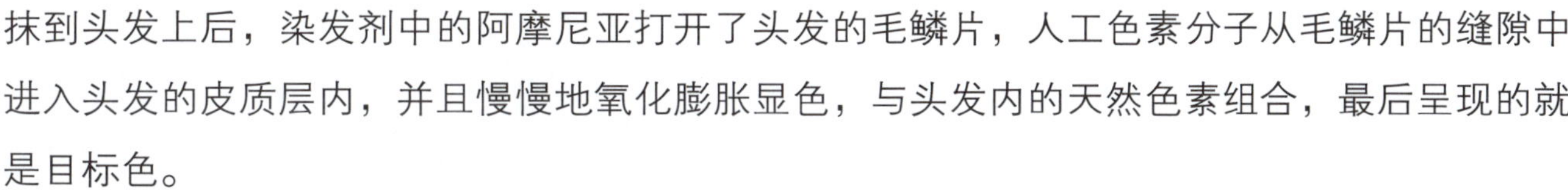
染发剂和双氧乳按照1：1的比例充分混合，涂抹到头发上后，染发剂中的阿摩尼亚打开了头发的毛鳞片，人工色素分子从毛鳞片的缝隙中进入头发的皮质层内，并且慢慢地氧化膨胀显色，与头发内的天然色素组合，最后呈现的就是目标色。

（四）双氧乳的作用

1.与染发剂混合，使稠状的染发剂变成膏状，易于涂抹在头发上。

2.打开毛鳞片，使得色素分子迅速地进入皮质层。

3.双氧乳内含有强氧化物，可以释放活性氧染膏内的色素分子，使得进入皮质层的色素分子氧化膨胀，并与天然色素结合而最终显色。

（五）双氧乳不同浓度的作用

1.3%：只能染深色，不能染浅色。

2.6%：可以染深、同度染、染浅1～2度。

3.9%：可以染浅2～3度。

4.12%：可以染浅3～4度。

二、任务实施

1.教师准备好以上提到的染发剂、双氧乳，并放在手推车上。

2.学生分为4组，每组随机抽取一位同学，回答手推车上的一个随机产品的名称。

3.教师根据每组学生回答情况给分，最后公布每个小组的成绩。

三、任务拓展

了解市场上低、中、高三个档次的染膏品牌和价格，再对比美发店内染发产品的价格，计算利润率。

任务二　色彩理论知识

任务目标

本次任务旨在让学生学习色彩知识，了解染膏的色号。

任务描述

在学习染发之前，对于色彩的基本知识的学习是必不可少的，本次任务主要讲述颜色的一些特性，以及染发剂的色号与颜色的对应关系。

一、知识准备

（一）色彩知识

1.三原色（主色）：红、黄、蓝为色彩的三原色，任何颜色均由这三种颜色混合而成，但是任何颜色都不能调配回三原色（图8-2-1）。

2.二次色（副色）： 橙、绿、紫为色彩的二次色，由任意两份等量的主色等比例混合而成，如红+黄=橙、黄+蓝=绿、红+蓝=紫（图8-2-2）。

3.三次色（调和色）：橙红、橙黄、紫红、蓝紫、黄绿、蓝绿为色彩的三次色，由等量的三原色与相邻的等量二次色等比例混合而成，如红+橙=橙红、黄+橙=橙黄、红+紫=紫红、蓝+紫=蓝紫、黄+绿=黄绿、蓝+绿=蓝绿（图8-2-3）。

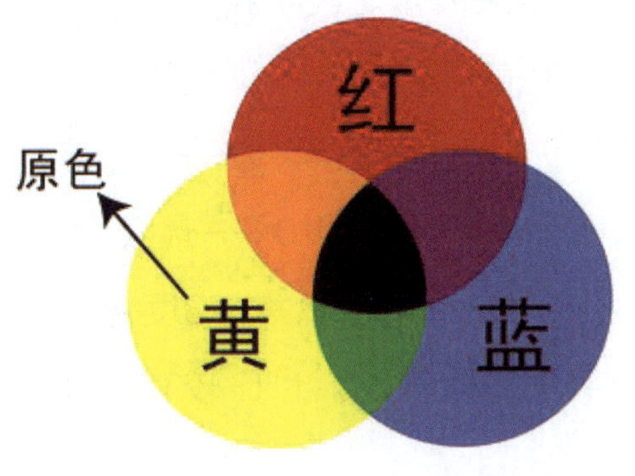

图8-2-1　三原色

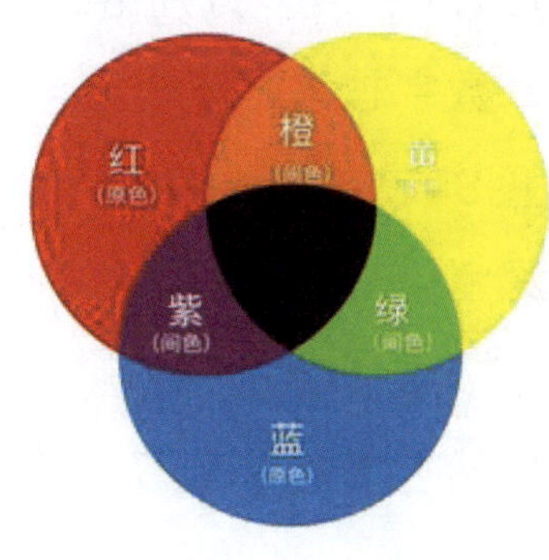

图8-2-2　二次色

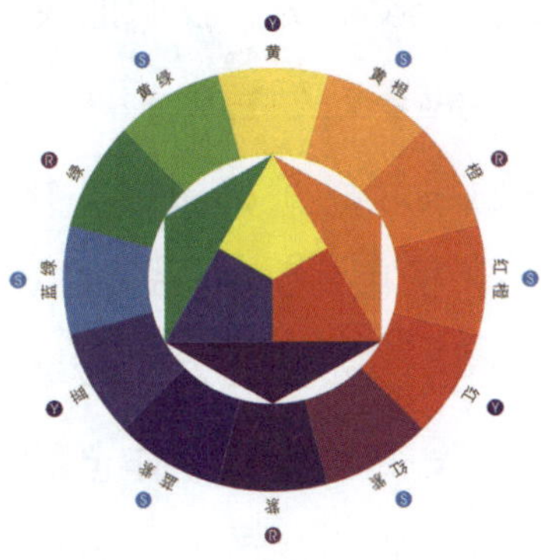

图8-2-3　十二色环

4.特殊色：红+黄+蓝=棕（1∶1∶1）、红+黄+蓝=黑（1∶1∶2）。

（二）色彩的冷暖

以红色为主的色调称之为暖色，以蓝色为主的色调称之为冷色。暖色给人一种温暖、喜庆、活泼、膨胀的感觉；冷色给人一种严肃、清冷、庄严、高贵的感觉（图8-2-4）。

（三）色彩的明度与纯度

色彩的明度是指色彩的明亮程度，也指色彩的深浅，也就是色彩加入白或者黑后所起到的变化过程，明度最高为白色，明度最低为黑色（图8-2-5）。

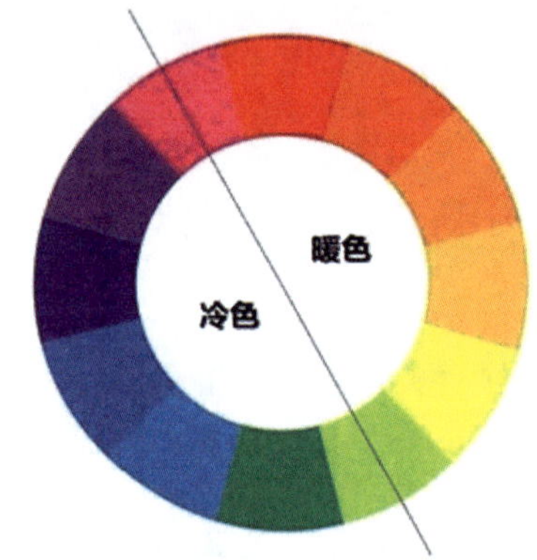

图8-2-4　色彩的冷暖

图8-2-5　色彩的明度

色彩的纯度是指色彩所具有的鲜艳度和强度（原色在色彩中的百分比），纯度最高的颜色被称为三原色（图8-2-6）。

（四）色度与色调

1.色度：色度是用来表示头发内所含黑色素多少的指标，不同的色度显示了头发的深浅度。一般来讲，我们把头发分成十个色度，分别由1～10十个数字来表示。数字越小，所含黑色素越多，颜色就越深；反之，数字越大，所含黑色素越少，颜色就越浅。在染发的过程当中色度起到了决定性的作用（图8-2-7）。例如，1——蓝黑；2——自然黑；3——深棕；4——棕色；5——浅棕；6——深金；7——金色；8——浅金；9——极浅金；10——最浅金。

中国人的头发一般为1～3度，最常见的为2度，因而2号色又被称为自然黑。3度色这样的头发很常见，叫作自然色。自然色含色素最适中，这样的头发比较好染，也比较有光泽。欧洲人的头发色度一般为4～6度。

图8-2-6　色彩的纯度

图8-2-7　色素表

2.色调：色调决定一种颜色表现出来的具体色彩。不同厂商色调和数字对应关系可能不同，常用的色调和数字关系对应如下：1——灰；2——绿；3——黄；4——红；5——紫红；6——紫；7——棕；8——蓝。

（五）染发剂的表示方式

1.自然色染发剂（基色）：只有色度，没有色调，内含天然色素，表示为XX/0或X/0。自然色染发剂可以用来覆盖白发，也可以在染发的过程中加入少量，以加深目标色，使颜色更加持久。

2.时尚色染发剂：有色度，也有色调，表示为X/X或X/XX，它是常用的染发剂。

3.工具色染发剂：只有色调，没有色度，表示为0/XX，它能够增强色彩，使颜色更加鲜艳，也可以冲掉多余的色素，避免颜色受到干扰和重叠。

二、任务实施

1.教师准备红、黄、蓝三原色的水彩颜料以及一张A3白纸、调色板、水彩画笔，将白纸贴在黑板上。

2.将学生分为3组，派代表轮流上台进行调色练习，先调出二次色橙、绿、紫后，再调出三次色橙红、橙黄、孔雀绿、荧光绿、紫红、紫罗兰，将调好的颜色画在白纸上展示给全班同学。

3.教师点评、总结学生的成果。

三、任务拓展

默写出天然色素1～10所对应的颜色，与1～8色调所对应的颜色，在色板上根据本次任务所学知识解读色板上各色号的颜色。

任务三 染发准备工作与实操流程

任务目标

本次任务旨在让学生学习美发店内染发前的准备工作和染发操作流程。

任务描述

染发在美发店的日常工作中是非常重要的一个项目，在成为一名发型师之前，必须先成为一名优秀的烫染技师，本次任务为大家解读美发店内的染发操作流程。

一、知识准备

（一）染发前的准备工作

准备好染发要使用的工具后，发型师在染发前，应具备相关的专业知识。在染发时首先要和顾客沟通，确定顾客想要的目标色；其次需要在初次使用染膏的客人身上进行皮肤测试，以防过敏；最后是判断顾客头发的底色，确定染发操作方案，准备染发工具（图8–3–1）。

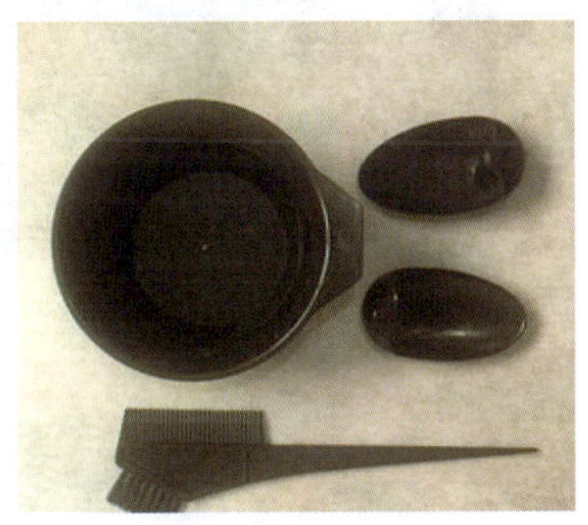

图8–3–1 染发工具

图8–3–2 色板

（二）染发的操作

1.拿产品相对应的色板与顾客沟通，确定目标色，选择适合客人的色调，告知客人所需时间、费用（图8–3–2）。

2.检查顾客的发质和头皮，确定发质类型并检查皮肤是否破损。

3.给新顾客做皮肤测试，观察他是否对染膏过敏。

4.给顾客穿戴好防护措施，如围布、披肩、耳罩。如

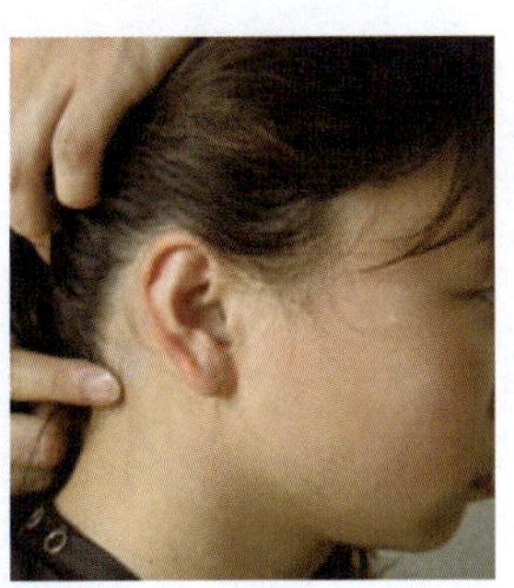

图8–3–3 防护措施

果是染深色，还需要在发际线和耳郭处涂抹护发素（图8–3–3）。

5.将顾客头发采用十字分区法分为四个区，将染膏与双氧乳按照1：1的比例充分混合（图8–3–4）。

6.从颈背处开始涂抹染膏，染浅色需要预留出发根，以免产生发根颜色过艳的情况（图8–3–5）。

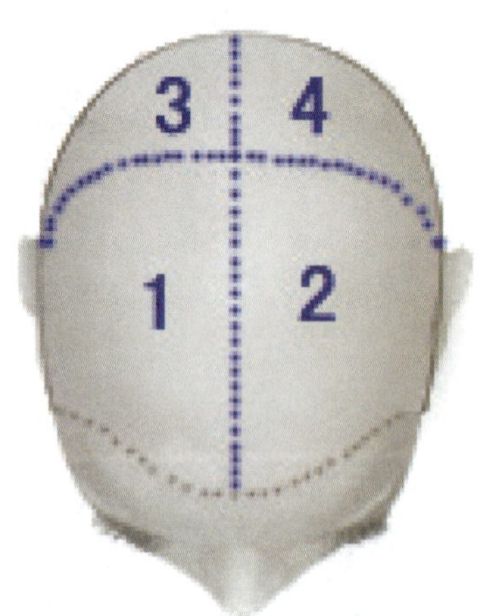

图8–3–4　分区及调配双氧乳

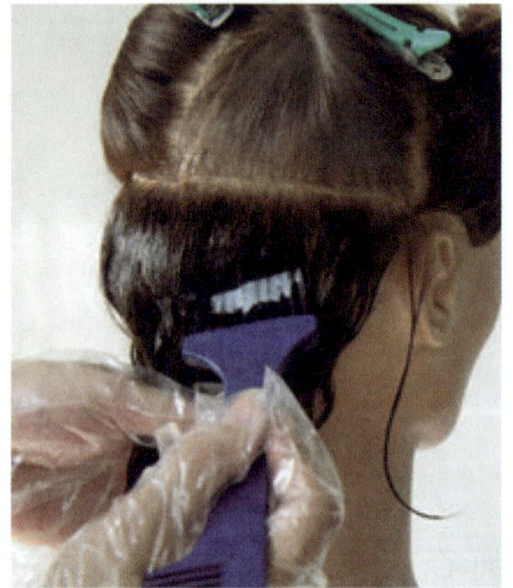

图8–3–5　上色

7.涂抹完发中和发尾后，开始操作发根，注意切勿染到头皮。

8.交叉检查，补染分区线、分份线及染膏未刷到位的部位。

9.根据发质、目标色确定停留的时间。

10.时刻关注并检查头发上色情况。具体时间参考产品说明书，也取决于顾客的发质（图8–3–6）。

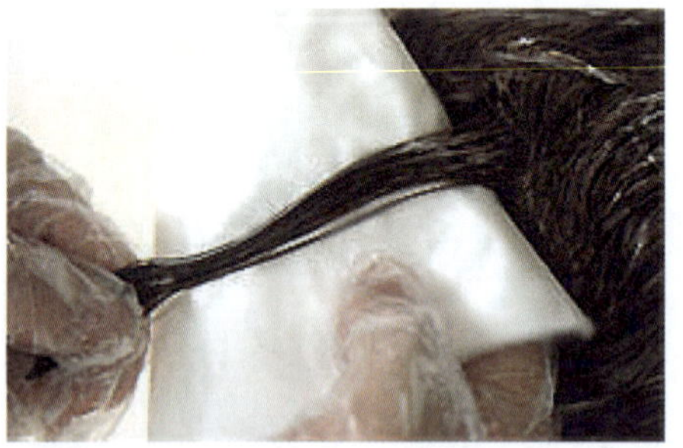

图8–3–6　检查上色情况

11.当停留时间到了之后，引导顾客洗头，水温不能太热，记得要用乳化的手法，将染到头皮的颜色洗掉。

12.用烫染专用的酸性洗发水进行洗护，告知顾客近三天内尽量不要洗头，并使用染后专业洗发水，防止颜色过快掉色。

二、任务实施

1.将学生编号，按照单双号分组，一组学生扮演顾客，另一组学生扮演美发助理，按照所学步骤进行染发操作的流程练习，将流程熟记于心。

2.交叉练习的时候，相互评价。

3.教师总结、评价。

三、任务拓展

在教学开放日中，为顾客进行染发流程操作，包括与顾客沟通交流、选色、染发前的准备工作、染发实操流程。

任务四　刷油涂抹实操练习

任务目标

本次任务旨在让学生通过观看教师示范，练习掌握刷油涂抹实操的技巧。

任务描述

刷油涂抹实操是染发实操的基础，刚刚学习染发的美发师需要反复进行刷油涂抹实操练习，这样才能掌握染发的基础实操。

一、知识准备

1.将全头头发进行十字分区，用夹子夹好头发（图8-4-1）。

2. 从后侧区取横向发片，不可太厚，也不可太薄，约1~2厘米左右（图8-4-2）。

3.留出发根的3~5厘米，将发中和发尾均匀地涂抹上染发剂，用“Z”字形的涂抹方法把染发剂涂抹均匀，甚至可以用手带顺一遍头发（图8-4-3）。

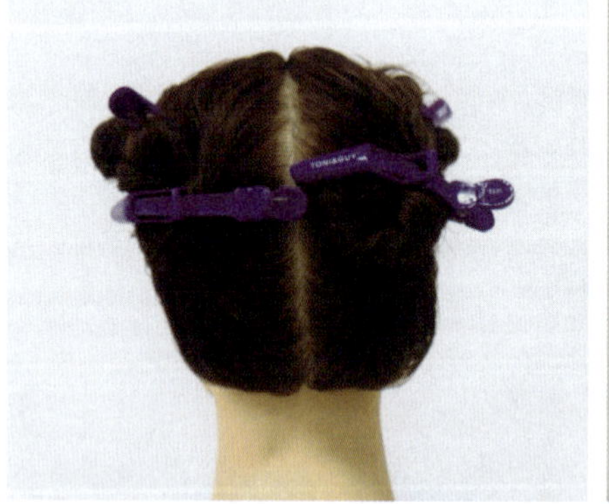

图8-4-1　十字分区

4.将发中、发尾涂抹透染发剂后，用染刷的尾部定住发根，让这片头发具有支撑力（图8-4-4）。

5.以此类推取第二片发片，同样的留出发根约3~5厘米，以“Z”字形手法涂抹完发中、发尾，最后用梳子定好发根完成第二片（图8-4-5）。

6.以此方法操作完成整个发区，直至操作完全头所有发片（图8-4-6）。

图8-4-2　取发片

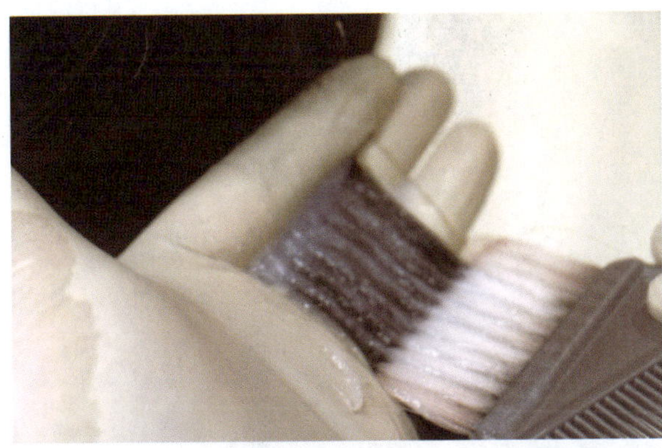
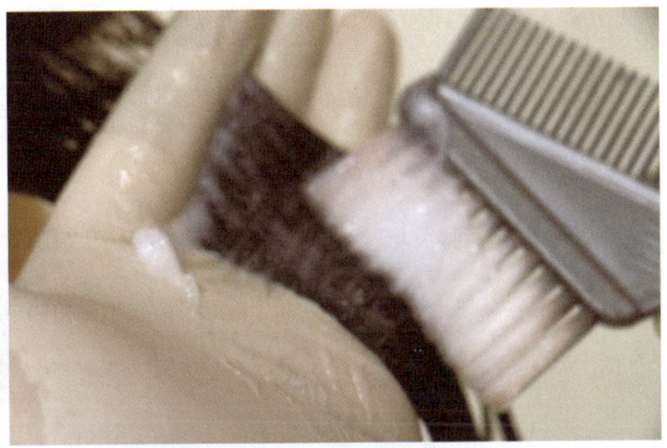

图8-4-3　涂抹染发剂

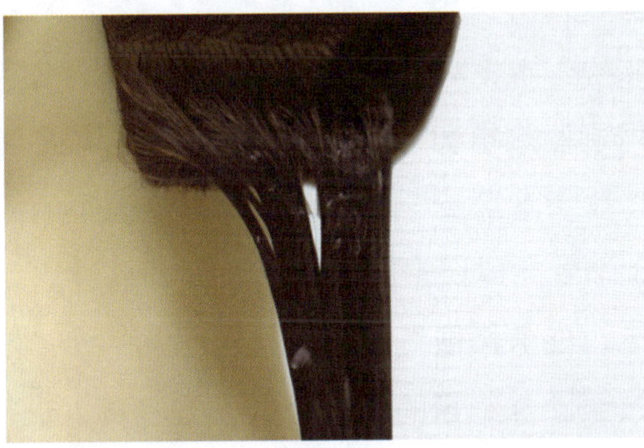

图8-4-4　定发根

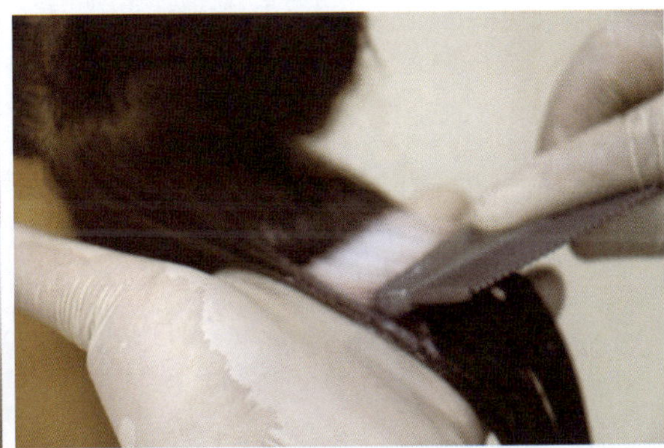

图8-4-5　完成第二片

图8-4-6　完成整个发区

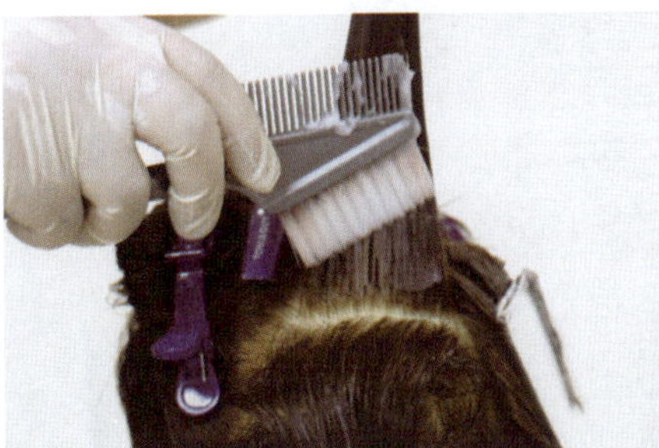
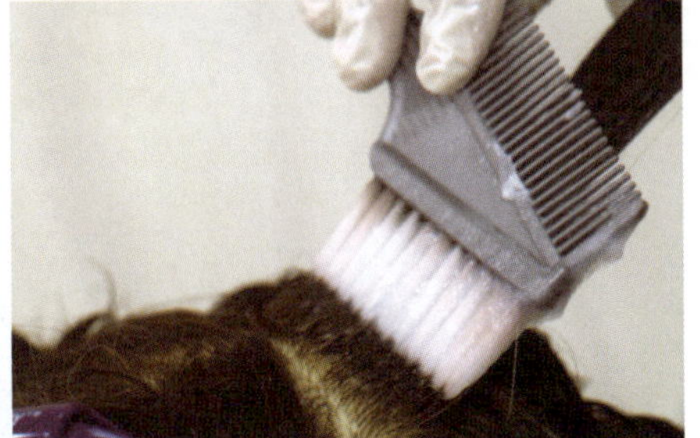

图8-4-7　涂抹发根

7.接着涂抹发根，尽量不要触及头皮，把发根的染膏涂抹均匀，量少一点，不要堆膏，直至操作完全头的发根（图8–4–7）。

8. 涂抹完发根后，把分区线未刷到的地方补刷，仔细检查全头是否有缺漏的地方，同样将缺漏的地方补刷，完毕后，即完成整个刷油涂抹工作（图8–4–8）。

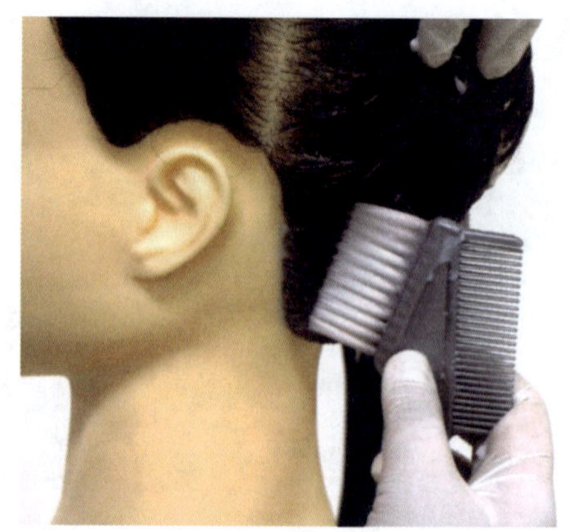
图8–4–8 刷分区线

二、任务实施

1.所有学生观看完教师实操后，自行在头模上进行刷油涂抹实操练习。

2.教师巡回指导，纠正学生在练习中的问题。

3.学生完成课堂练习作品，教师点评。

三、任务拓展

按照涂抹练习的方式为头模或者真人进行染发实操，将作品的半成品、成品图片发到班级QQ群里。

任务五　挑染技术

任务目标

本次任务旨在让学生掌握挑染和包锡纸的方法。

任务描述

挑染是时下美发店内非常时尚的染发元素，掌握挑染技术能够给美发师在设计发型与配色的过程中增添许多创意，因此掌握挑染技术是每个发型师的必修课。

一、知识准备

1.先选取一片发片，然后用尖尾梳间隔地挑起发束（图8–5–1）。

2.将多余的头发放下，取挑好的发束，拿在手上（图8–5–2）。

图8–5–1　挑发束

图8–5–2 取发束

3.取约25cm长度的锡纸，用尖尾梳在一端折叠一小段，包好尖尾梳尾部（图8-5-3）。

4.将锡纸垫在需要挑染的发束下面，一只手将尖尾梳尾部紧贴发根，另一只手将染发剂涂抹到发根处（图8-5-4）。

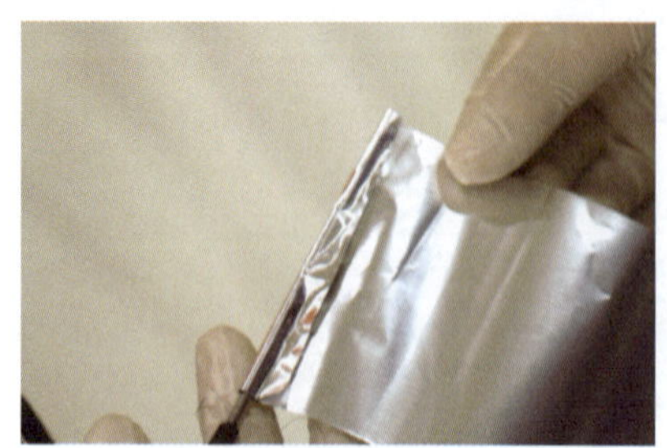

图8-5-3　用锡纸包住尖尾梳尾部

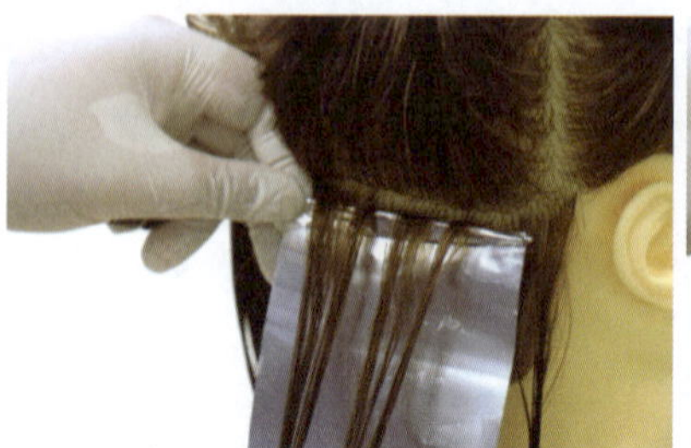

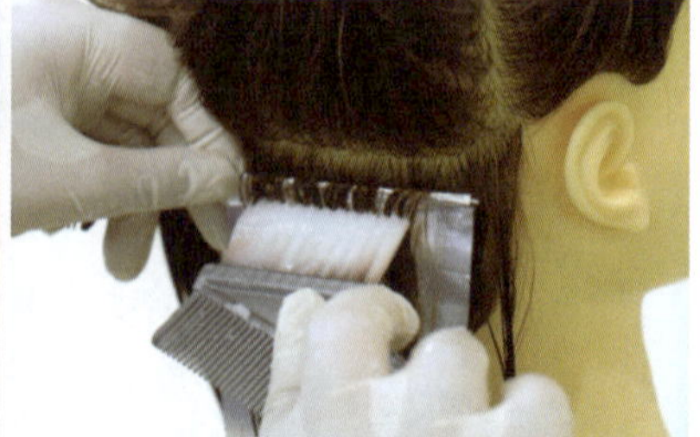

图8-5-4　垫锡纸

5.将尖尾梳抽出，一只手托着锡纸，另一只手将染发剂均匀地涂抹到挑染的发束上（图8-5-5）。

6.用尖尾梳在锡纸的中部压出折痕，轻轻对折，注意保持锡纸的平整与美观（图8-5-6）。

7.用同样的方法再次对折，保持锡纸的平整与美观（图8-5-7）。

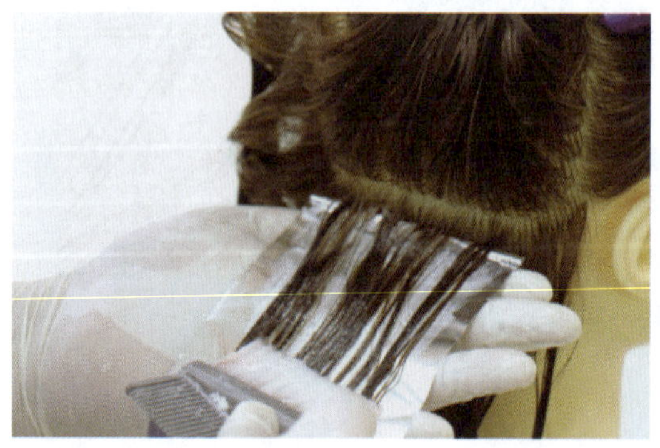

图8-5-5　涂抹染发剂

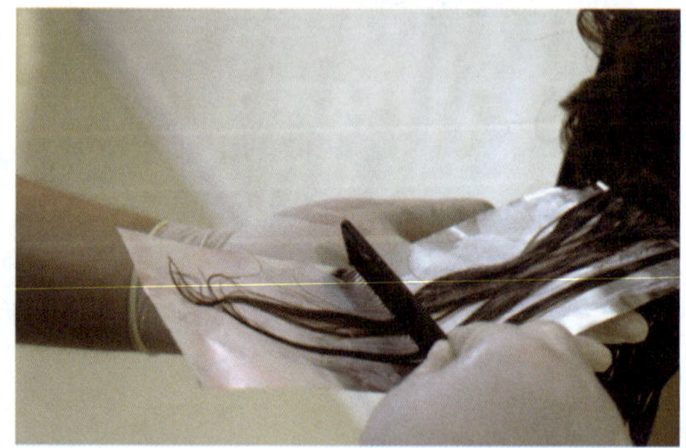

图8-5-6　压出折痕，对折发片

8.接着在两边压出折痕并折好（图8-5-8）。

9.沿着折痕折叠好，用尖尾梳轻轻地压平后，完成一片挑染发片的操作（图8-5-9）。

10.重复步骤1~9，按照一定的操作间隔，完成整个区域的挑染(图8-5-10)。

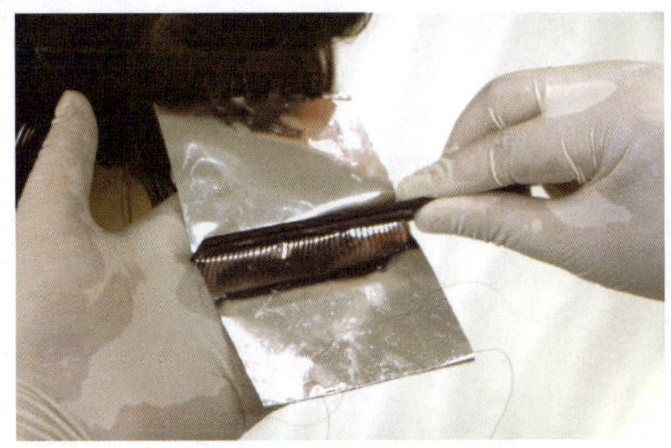
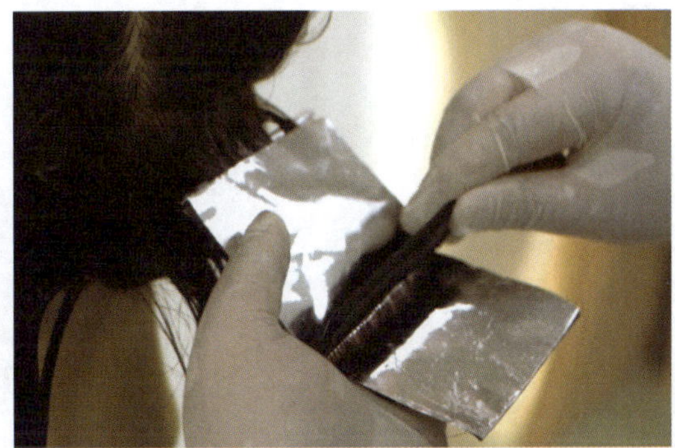

图8-5-7　再次对折发片

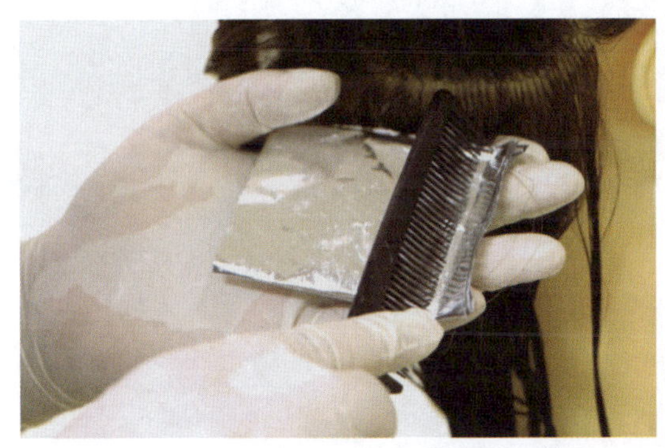
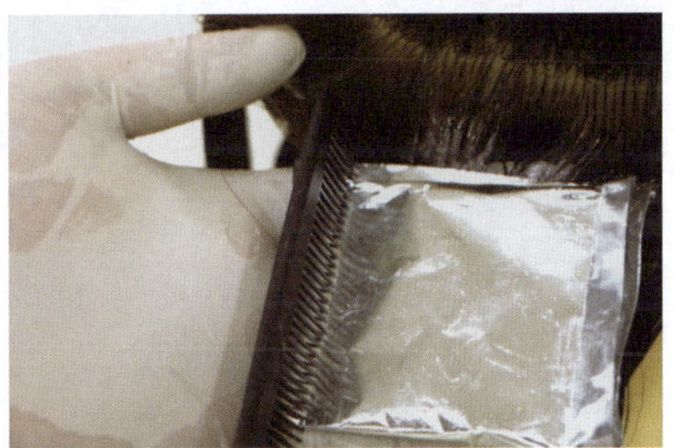

图8-5-8　在两边压出折痕并折好

图8-5-9　完成一片挑染发片的操作

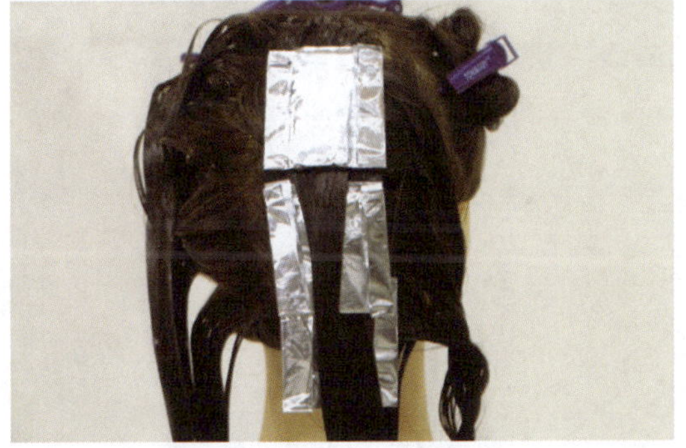

图8-5-10　重复步骤，完成整个区域的挑染

二、任务实施

1.所有学生观看完教师实操后，自行在头模上进行挑染实操练习。

2.教师巡回指导，纠正学生在练习中的问题。

3.学生完成课堂练习作品，教师点评。

三、任务拓展

尝试在一个头模上进行多种颜色的挑染，并且说出自己的创意思路。

项目九

发型基础

任务一　造型工具的认识
任务二　造型分区
任务三　造型基本手法——扎马尾
任务四　造型基本手法——倒梳
任务五　造型基本手法——三股辫编发
任务六　造型基本手法——三股续发
任务七　造型基本手法——鱼骨辫
任务八　造型基本手法——四股辫、四股圆辫
任务九　造型基本手法——包发
任务十　造型基本手法——扭绳技法
任务十一　造型基本手法——手推波纹技法

任务一　造型工具的认识

任务目标

本次任务旨在让学生熟悉各种造型工具，并懂得如何选择与使用。

任务描述

完成一个出色的造型，离不开造型工具，本次任务主要介绍造型师常用的造型工具，分为梳类、发夹类、电卷棒、电夹板、电吹风、橡皮筋等定型产品。下面让我们一起去认识它们。

一、知识准备

造型工具的种类按使用用途的不同分为以下几种。

（一）梳类

1.包发梳：一般由塑料梳齿和鬃毛梳齿组成，用于梳理秀发表面纹理（图9–1–1）。

2.尖尾梳：尖尾梳是最常用的造型工具之一，主要用于发型分区，可倒梳头发（图9–1–2）。

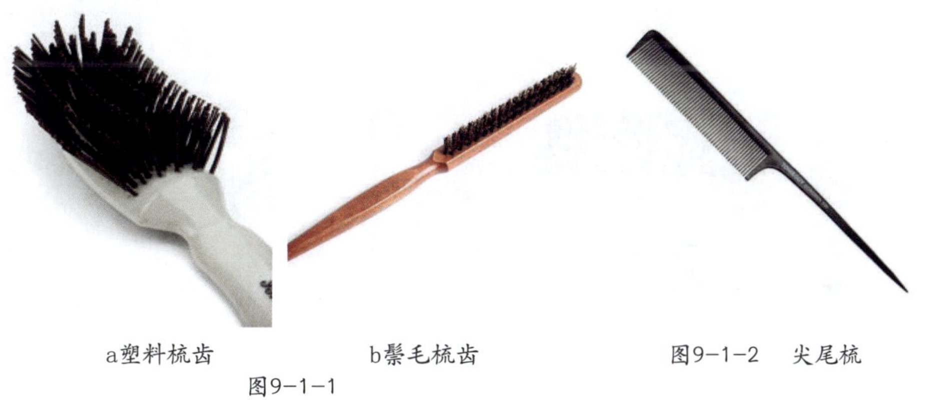

a塑料梳齿　　b鬃毛梳齿　　图9–1–2　尖尾梳

图9–1–1

3.排骨梳、滚梳：头发倒梳后，用排骨梳比较容易疏通（图9–1–3）。滚梳一般搭配吹风机来处理造型（图9–1–4）。

4.气垫梳：用于梳理及整理大波浪发型，可使发卷呈现自然蓬松的卷曲纹理（图9–1–5）。

图9-1-3　排骨梳

图9-1-4　滚梳

图9-1-5　气垫梳

（二）发夹类

1.带齿鸭嘴夹：用于固定发区较多的头发（图9–1–6）。

2.平面鸭嘴夹：用于固定发区或暂时固定波纹头发及头发线条（图9–1–7）。

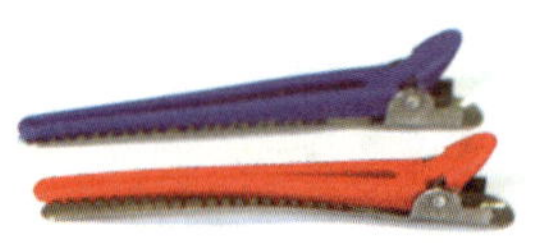
图9-1-6　带齿鸭嘴夹

图9-1-7　平面鸭嘴夹

3.发夹：(钢卡)用于固定头发（图9–1–8）。

4.U形夹：用于固定造型较高的头发或连接底部较蓬松的头发（图9–1–9）。

图9-1-8　发夹

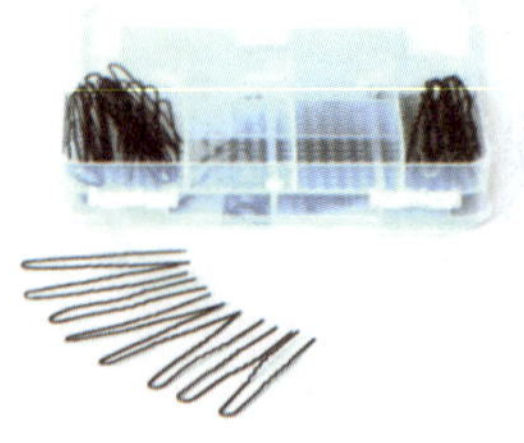
图9-1-9　U形夹

（三）电卷棒

电卷棒有粗细之分，用于夹卷头发，使头发更加自然，更具动感（图9–1–10）。

（四）电夹板

电夹板分为直夹板和玉米烫等。直夹板用于将头发拉直或做出自然外翘、内扣的效果

（图9–1–11）；玉米烫可将头发做成玉米须的效果，增加发量，易于造型（图9–1–12）。

图9–1–10　电卷棒　　图9–1–11　直夹板　　图9–1–12　玉米烫

（五）电吹风

电吹风用于吹干头发及做造型时使用（图9–1–13）。

（六）定型产品

1.发胶：用于固定头发，保持发型持久（图9–1–14）。

2.啫喱膏：用于固定头发，使发丝易于梳理（图9–1–15）。

图9–1–13　电吹风

图9–1–14　发胶

图9–1–15　啫喱膏

3.发泥：它是一种头发的定型用品，如同发蜡一样，能够固定发型并使头发亮丽有光泽，是一种改良的发胶。它的特点是不油腻，容易清洗且不容易招灰，塑型效果持久（图9–1–16）。

4.发蜡棒：发蜡棒作用与啫喱膏类似，只是没有啫喱膏亮且反光，色泽比较自然（图9–1–17）。

（七）橡皮筋

用于将头发固定在所需位置（图9–1–18）。

图9-1-16　发泥

图9-1-17　发蜡棒

图9-1-18　橡皮筋

二、任务实施

1. 教师准备好所有造型工具，随机将准备好的物品分为5份。

2. 将学生分为5组，每组选1位组长，组长组织组员合作完成以下任务，完成后参照考核评价表进行评比（表9-1-1）。

3.请根据所学知识说出造型工具的名称及用途并准确分类。

表9-1-1　造型工具认识任务评价表

评价内容	内　容	分　值	学生自评	小组互评	教师评分
完成情况	准备工作	10			
	能准确说出造型工具的名称	30			
	能说出造型工具的用途	30			
	能准确分类	20			
职业素质	团队合作	5			
学习纪律	遵守纪律	5			

三、任务拓展

1.电卷棒一般有哪些尺寸？不同尺寸烫出来的头发卷度有何区别？

2.请大家上网收集国内外知名品牌的专用造型电吹风，并把图片上传到班级QQ群里。

任务二　造型分区

任务目标

本次任务旨在让学生熟悉各种造型分区的方法，并懂得各分区在造型中的作用。

任务描述

要完成一个出色的造型，造型分区很重要，在做造型前就应该确定好如何分区，这样才能让我们的造型更加接近自己预想的效果。造型的分区一般分为刘海区、侧发区、顶区和后发区，每个分区都有自己的作用，现在让我们一起来学习如何分区。

一、知识准备

（一）发型分区

1.发型中的分区比较广泛，这里主要介绍通用的4大分区，即刘海区、顶区、后发区、侧发区（重点设计区在顶区、后发区、侧发区），造型分区的位置如图9-2-1所示。

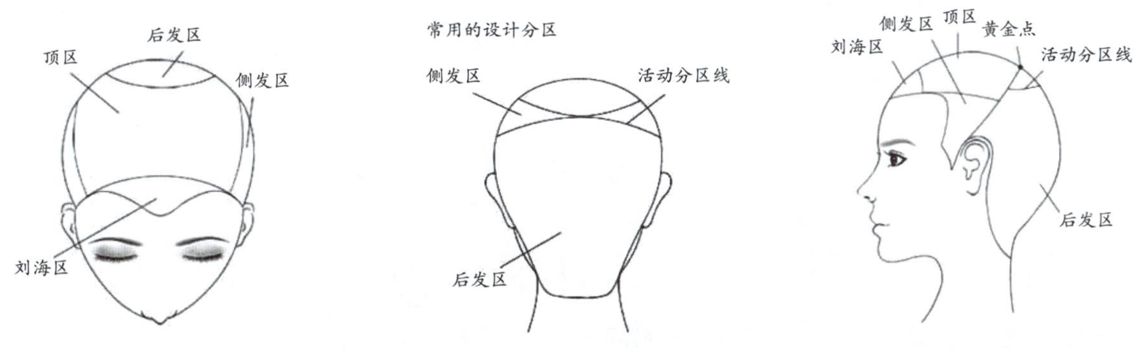

图9-2-1　造型分区的位置

2.常见顶区的分区方法

这种是最常规的顶区分法，分为顶区横线分区及顶区直线分区（图9-2-2、图9-2-3）。

3.后区的分区方法

后区中分：后面可以起到固定的作用，适合中长发或者长头发，这种分区较多地用来包发（图9-2-4）。

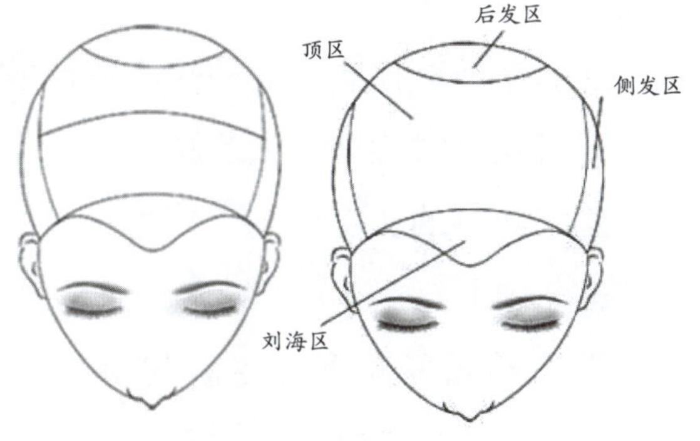

图9-2-2　顶区横线分区　　图9-2-3　顶区直线分区

"Z"字分区：这种后区的分区比较适合短发。要把分区结合轮廓以及各种手法，这样才能设计出一个比较好的造型（图9-2-5）。

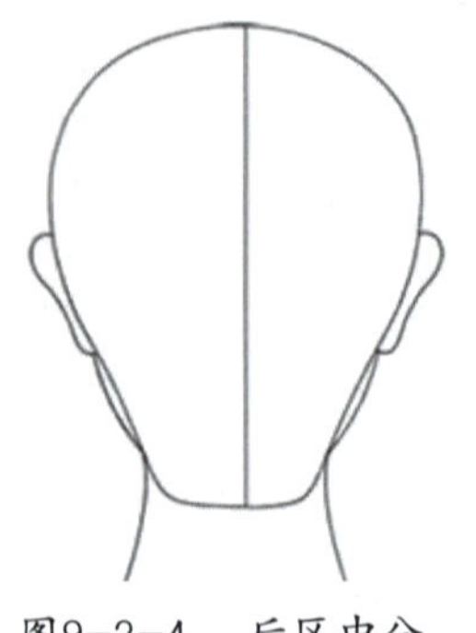

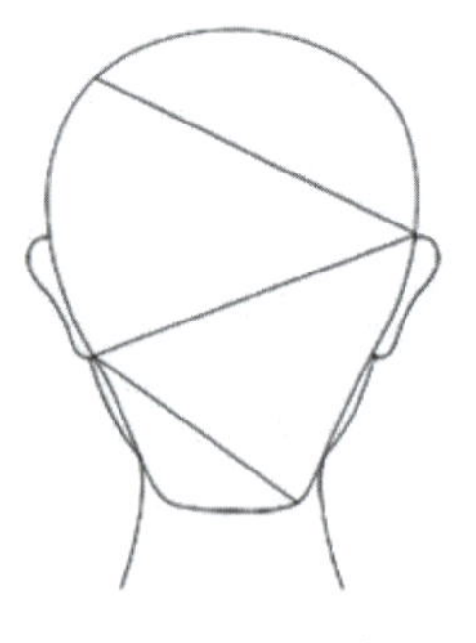

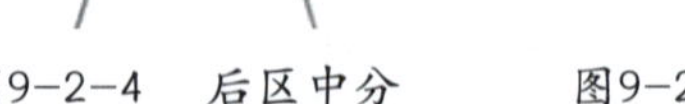

图9-2-4　后区中分　　图9-2-5　"Z"字分区

（二）发型轮廓

下面我们介绍设计发型时常见的大体轮廓，这样有助于发型的设计。

左右对称形：适合任何一种脸型，可以通过发型的长短来烘托和修饰脸型，头发的轮廓要比脸大（图9-2-6）。

半圆形轮廓：这是一个比较常用的轮廓，很多发型都是以这个为基础，不论是生活妆还是晚宴妆都用得比较多，这种轮廓有拉长脸型的作用（图9-2-7）。

大小对比形：这样的轮廓比较活泼，随意性比较强，对脸型没有太大的要求（图9-2-8）。

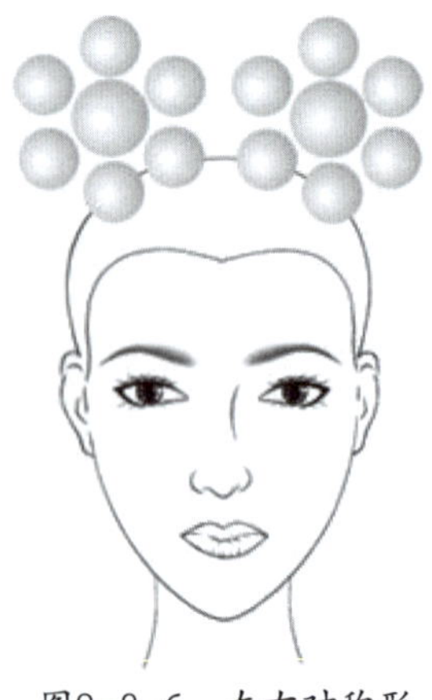

图9-2-6　左右对称形

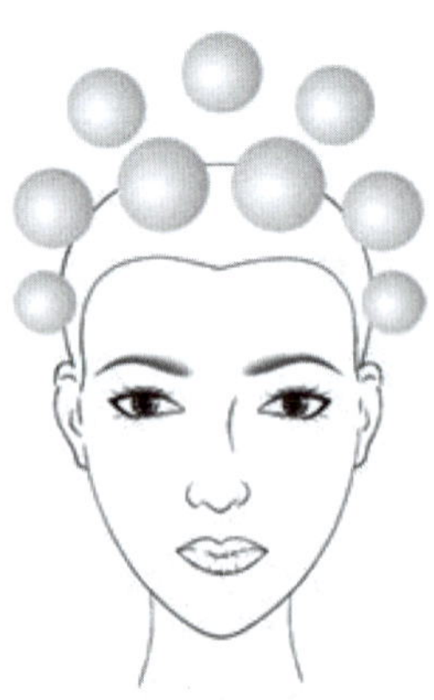

图9-2-7　半圆形轮廓

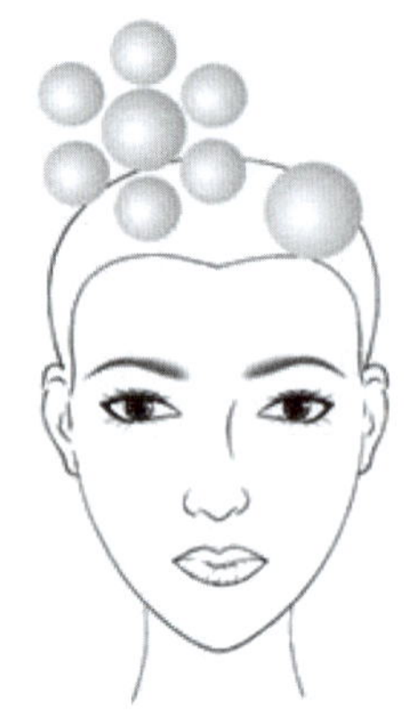

图9-2-8　大小对比形

以上是基本的轮廓，下面介绍几种侧面的轮廓。

前后渐增对称式：这种轮廓适合任何脸型，尤其是针对脸型较大的顾客，可以通过增加脸部两侧的头发，具有压缩脸型的作用（图9-2-9）。

侧面椭圆形轮廓：这种轮廓由于顶部高，所以可拉长脸型（图9-2-10）。

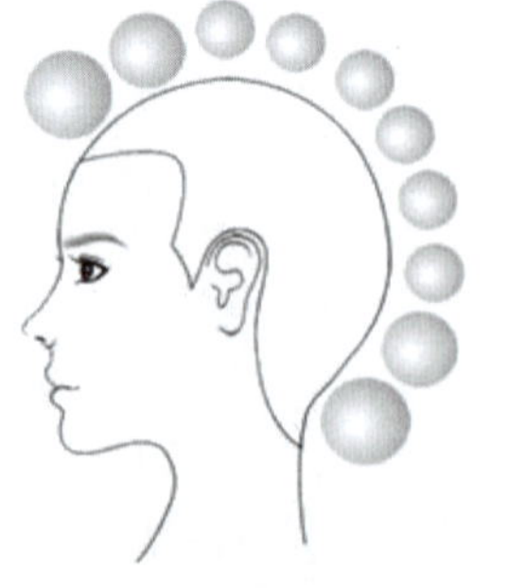

图9-2-9　前后渐增对称式

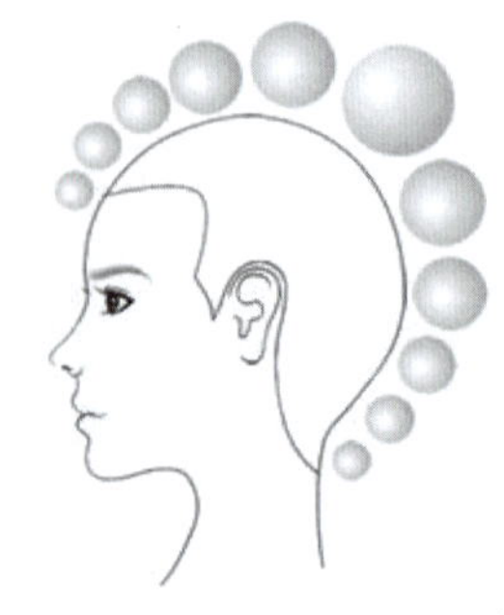

图9-2-10　侧面椭圆形轮廓

（三）各发区设计原则和要点

1.设计原则

（1）刘海区

刘海区的分法比较多样，一般有“中分”“三七分”“二八分”……用于修饰额头，遮盖前额不足及调整脸型。若额头较窄，可把刘海区分得宽些，将刘海在额头两侧打毛，使发根蓬松饱满，从而在视觉上拉宽额头；若额头较短，可把刘海区分得高些，以内轮廓线遮盖发际线，从而在视觉上拉长额头。 在一些造型设计中，刘海区也可以与两侧区或顶区的发丝结合，做一些大结构的设计。刘海区的面积一般呈三角形或者弧形结构。

（2）侧发区

侧发区一般分在耳上点或耳后点，根据需要的发量来决定分区的位置。侧发区的头发用于弥补头部和脸形宽窄、肥瘦的不足，可以修饰发型的饱满度。

（3）顶区

顶区是盘发的焦点，可把其他几个区融为一个整体。顶区的头发主要为造型做支撑以及增加造型的高度等，也起到修饰造型轮廓的作用。顶区的高低、大小受脸型长短的影响。造型重点较高时，顶区应略大；造型重点在后侧时，顶区应向下移至枕骨部位。顶区一般会分出一个比较流畅的弧形（图9-2-11）。

图9-2-11　顶区

图9-2-12　后发区

（4）后发区

分好之前几个区域的头发后，剩下的就是后发区，后发区的头发主要用来修饰枕骨部位的饱满度，后发区是很多造型设计的重点位置（图9-2-12）。

2.分区的要点

（1）刘海区：用来修饰改变脸型。

（2）顶区：造型的主要区域。

（3）两侧区：修饰脸型。

（4）后区：一个固定点。

（5）四六分：在内眼角的正上方，适合长脸、圆脸。

（6）三七分：平视前方黑眼球外侧向上分区，适合线条较硬的脸型。

（7）二八分：比较时尚，可以修饰长脸形及外眼角垂直向上区域。

（8）中分：适合标准脸型，是垂直眉心向上的区域。

（四）造型分区中几个重要点的运用

在造型分区中，通常是运用点与点的连线来进行分区，知道了点的正确位置和名称，在进行造型分区时才能更好地把握。常用的点有中心点、顶点、黄金点、耳点（也称耳上点）、耳后点（图9-2-13）。

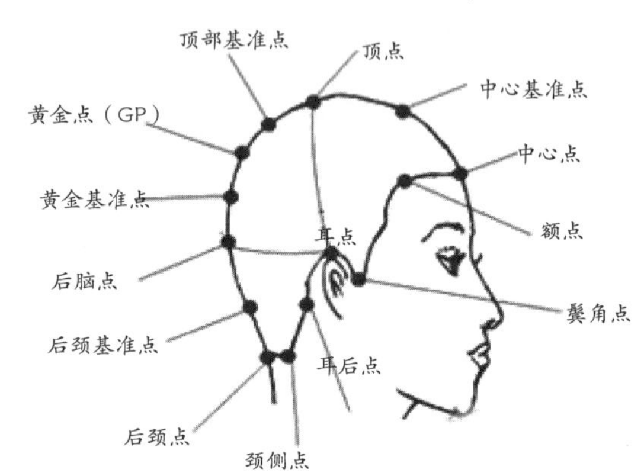

图9-2-13　造型分区的点

二、任务实施

1.教师准备好盘发用的头模，每位学生1个。

2.将学生分为5组，每组选1位组长，组长组织组员合作完成以下任务（表9-2-1），完成后参照考核评价表进行评比。

（1）学生在头模上练习4个分区；学会找黄金点、顶点、耳上点、耳后点。

（2）学生在头模上练习顶区的两种分区方法。

（3）学生在头模上练习后区的两种分区方法。

表9-2-1　课内造型分区任务评价表

评价内容	内　容	分　值	学生自评	小组互评	教师评分
完成情况	准备工作	10			
	能准确分出4个区	30			
	能说出每个区的作用	30			
	能准确找出耳上点、顶点、黄金点	5			
	能熟练进行顶区横线分区、顶区直线分区	15			

（续表）

评价内容	内　容	分　值	学生自评	小组互评	教师评分
职业素质	团队合作	5			
学习纪律	遵守纪律	5			

三、任务拓展

请同学们对照分区考核标准，利用课外时间在头模上进行练习（表9–2–2），并把练习的作品拍照上传到班级QQ群里。

（1）在头模上练习4个分区；学会找黄金点、顶点、耳上点、耳后点。

（2）在头模上练习顶区的两种分区方法。

（3）在头模上练习后区的两种分区方法。

表9–2–2　课外造型分区任务评价表

评价内容	内　容	分　值	学生自评	教师评分
完成情况	能准确分出4个区	20		
	能说出每个区的作用	30		
	能准确找出耳上点、顶点、黄金点	25		
	能熟练进行顶区横线分区、顶区直线分区	25		

任务三　造型基本手法——扎马尾

任务目标

本次任务旨在让学生熟悉扎马尾的基本手法，并懂得如何根据造型需要灵活地扎马尾。

任务描述

要懂得灵活扎马尾，这样才能让造型更加接近自己预想的效果。

一、知识准备

（一）扎马尾的概论

扎马尾在生活中很常见，在T台秀中也经常运用，它是很多造型的基础。

（二）扎马尾的工具

橡皮筋、发夹、排骨梳、包发梳。

（三）扎马尾的要点

注意每个面的整洁度和梳发时的张力，梳四个面时用大拇指压紧头发，在黄金点扎好。

（四）扎马尾的作用

收紧脸侧，体现清晰干净的面部轮廓，制造支点。

（五）扎马尾的具体操作手法

 图9-3-1	①将所有的头发用排骨梳向后梳理

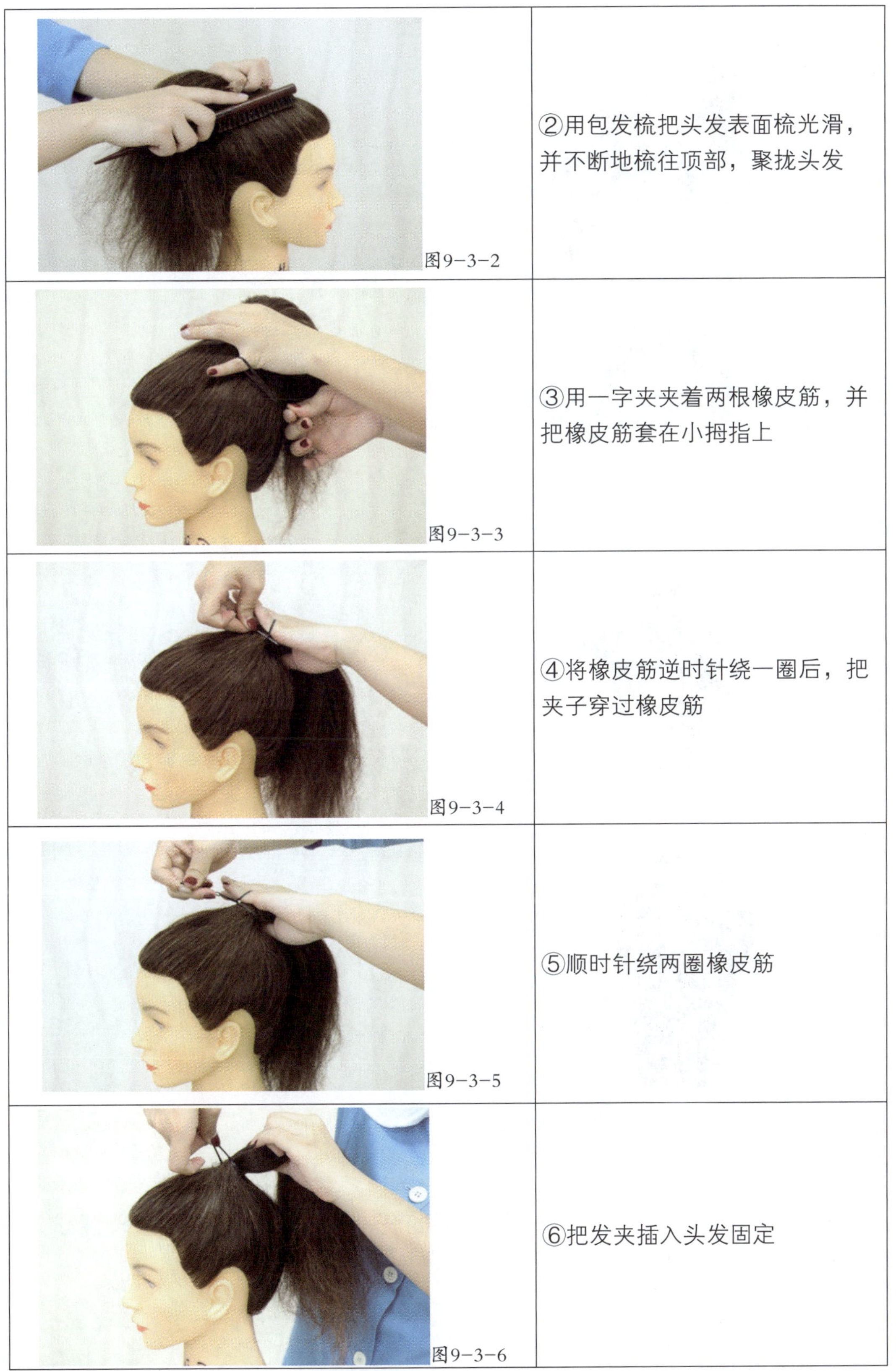

图示	说明
图9-3-2	②用包发梳把头发表面梳光滑，并不断地梳往顶部，聚拢头发
图9-3-3	③用一字夹夹着两根橡皮筋，并把橡皮筋套在小拇指上
图9-3-4	④将橡皮筋逆时针绕一圈后，把夹子穿过橡皮筋
图9-3-5	⑤顺时针绕两圈橡皮筋
图9-3-6	⑥把发夹插入头发固定

图9-3-7	⑦将马尾的头发一分为二，向发根处提拉，使马尾更紧实
图9-3-8	⑧完成正面造型
图9-3-9	⑨完成侧面造型
图9-3-10	⑩完成背面造型

二、任务实施

每位学生在规定的时间内完成扎高马尾的任务，完成后参照考核评价表进行评比（表9-3-1）。

表9-3-1　课内造型扎马尾任务评价表

评价内容	内　容	分　值	学生自评	小组互评	教师评分
完成情况	准备工作	10			
	能正确使用橡皮筋扎马尾	20			
	马尾扎得紧实，表面光滑、匀称	40			
	整体造型干净、整洁	20			
职业素质	团队合作	5			
学习纪律	遵守纪律	5			

三、任务拓展

请同学们课外在头模上练习扎高马尾，完成后参照下方的考核评价表进行评比（表9-3-2）。

表9-3-2　课外造型扎马尾任务评价表

评价内容	内　容	分　值	学生自评	教师评分
完成情况	能正确使用橡皮筋扎马尾	30		
	马尾扎得紧实，表面光滑、匀称	50		
	整体造型干净、整洁	20		

任务四　造型基本手法——倒梳

任务目标

本次任务旨在让学生掌握倒梳的概念及各种技法。

任务描述

倒梳是进行发型设计造型的基础，也是基本功。在很多盘发造型中需要通过倒梳头发使整个造型看起来比较饱满，需要同学们熟练掌握各种倒梳的技法，并根据需要进行梳理打毛。

一、知识准备

（一）倒梳的概念

倒梳也叫打毛、刮蓬，是从发梢梳向发根的造型手法。基本手法是用手提拉发片、抓住发梢，用密梳从发梢往发根部梳，梳出蓬松的效果，使头发看起来比较饱满。

（二）倒梳的工具

长短齿、尖尾梳。

（三）倒梳的作用

1.使头发更蓬松饱满，增加发量。

2.使发丝相连。

3.改变发丝原来的生长方向。

4.易于造型。

（四）倒梳的操作技法

1.将头发梳顺（图9-4-1）。

2.分出一片发片，一只手将分好的头发抓住，抓起的头发与头部垂直成90°角（图9-4-2）。

3.尖尾梳与发片垂直

图9-4-1　梳顺头发

图9-4-2　取发片

（图9-4-3）。

4.从发梢开始均匀地用力往发根处梳理头发（图9-4-4）。

（五）倒梳的种类

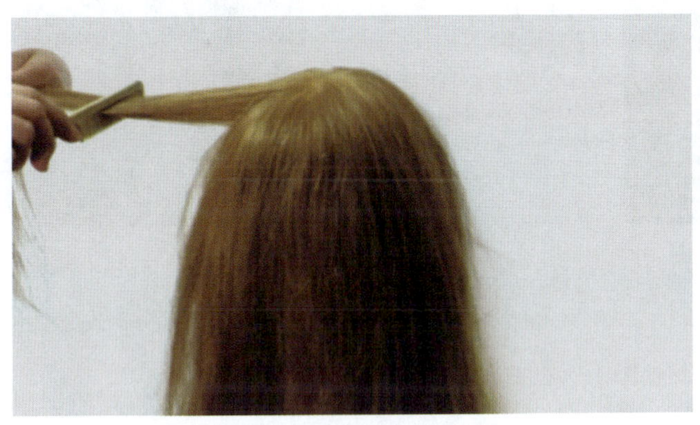

图9-4-3 尖尾梳与发片垂直

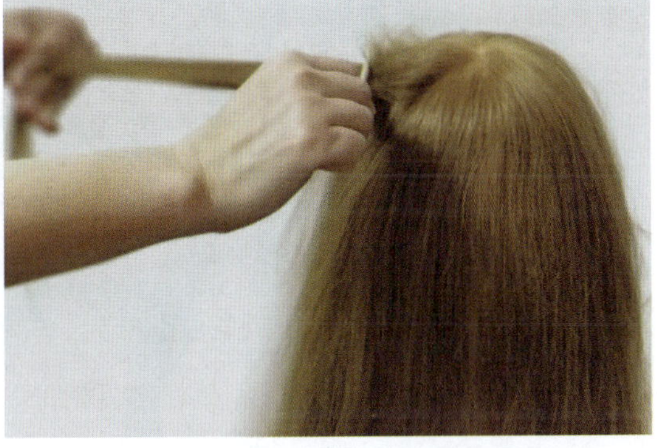

图9-4-4 反向梳理头发

1.长削。

2.中削。

3.短削。

4.推削。

5.压削。

6.内层削。

7.发片连接削。

（六）倒梳的具体操作手法

1.从发尾往发跟倒梳，叫作长削（图9-4-5）。

图9-4-5 长削

2.从发梢到发尾1/2的地方往发根梳，叫作中削（图9-4-6）。

图9-4-6 中削

3.从靠近发跟的1/3处往发根梳，叫作短削（图9-4-7）。

4.用梳子从上往下压头发，叫作压削（图9-4-8）。

5.用梳子从根部开始往里推发根，叫作推削（图9-4-9）。

图9-4-7 短削

图9-4-8　压削

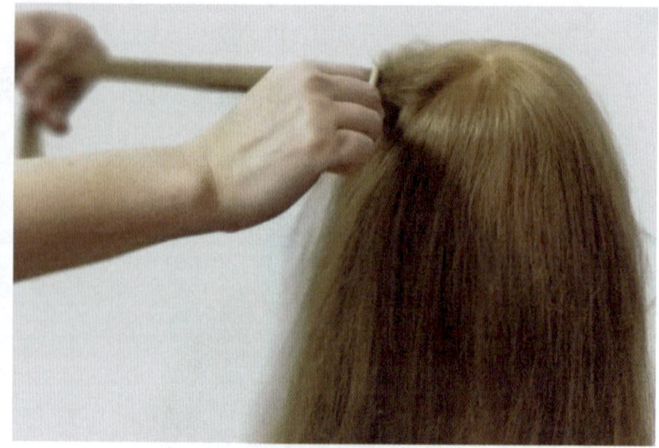
图9-4-9　推削

6.用梳子分出发片，先削里面第1片头发，从发根开始点削，削后再与第2片头发连在一块一起削（用梳子梳光表面），这种削法叫作发片连接削。

（七）倒梳手法示范

 图9-4-10	①先将所有头发扎马尾，然后从中取一发片
 图9-4-11	②用尖尾梳将发片从发梢处以长倒梳手法梳理

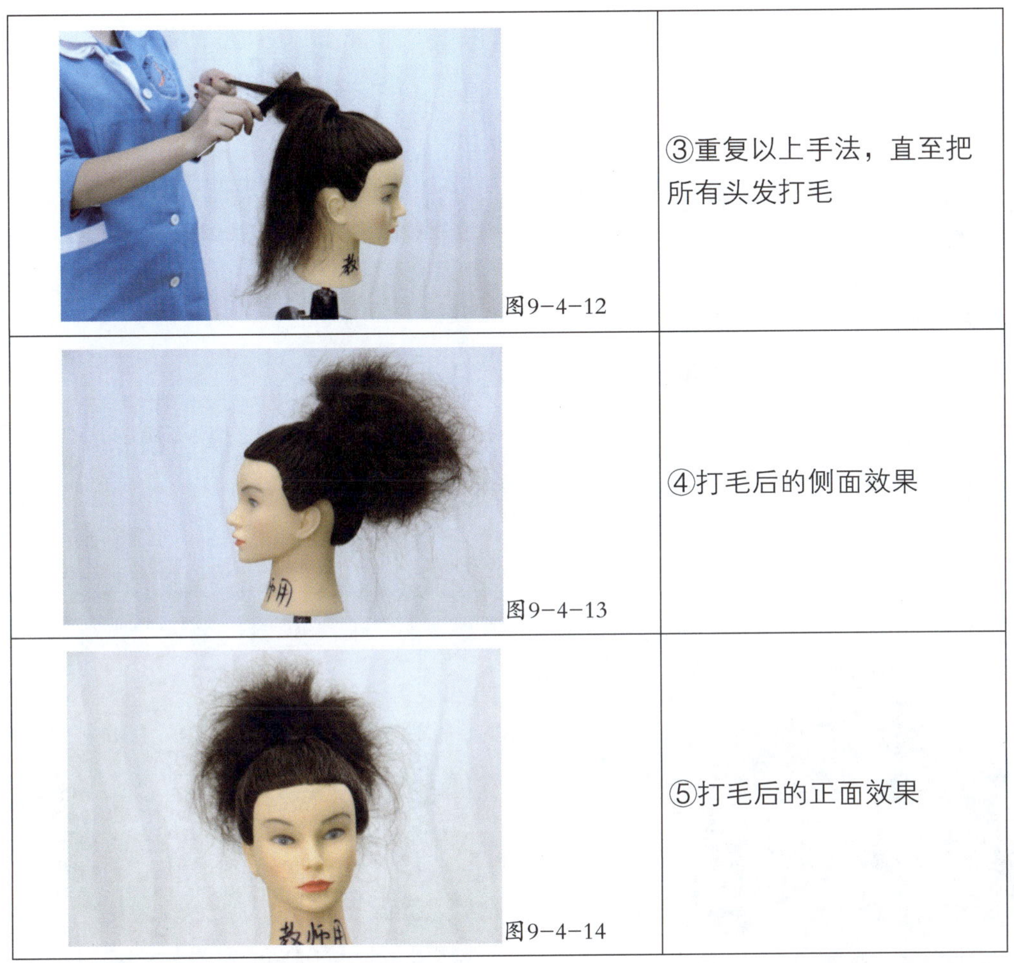

图9–4–12	③重复以上手法，直至把所有头发打毛
图9–4–13	④打毛后的侧面效果
图9–4–14	⑤打毛后的正面效果

二、任务实施

每位学生在规定的时间内完成倒梳任务，完成后参照考核评价表进行评比（表9–4–1）。

表9–4–1　倒梳造型任务评价表

评价内容	内　容	分　值	学生自评	小组互评	教师评分
完成情况	准备工作	15			
	长削手法正确	15			
	短削手法正确	15			
	中削手法正确	15			
	推削手法正确	15			
	压削手法正确	15			

（续表）

评价内容	内　容	分　值	学生自评	小组互评	教师评分
职业素质	团队合作	5			
学习纪律	遵守纪律	5			

三、任务拓展

1.倒梳的手法有哪些?不同的倒梳手法效果有什么区别?

2.请大家利用课余时间在头模上练习倒梳手法，同时学习并模仿在头模上做顶包造型（图9-4-15）。

图9-4-15　顶包造型

任务五　造型基本手法——三股辫编发

任务目标

本次任务旨在让学生掌握正三股辫、反三股辫的编发技法。

任务描述

三股辫在编发造型中经常使用，同时三股辫也是打造田园风格的常用手法，而四股辫、五股辫也是从中演绎出来的，所以学好三股辫非常重要，现在让我们一起来学习。

一、知识准备

（一）三股辫的概念

三股辫也叫麻花辫，是打造田园风格造型的代表，同时与其他造型手法结合在一起，可变化出不同的造型。

（二）编辫的要点

1.编发前，可以在手上涂抹发蜡来减少碎发，使辫子编得比较干净、整齐。

2.分发片时可以用食指、中指、无名指三根手指均匀分发片，不均分发片会使辫子看起来不自然甚至歪歪扭扭。

3.编发时可根据需要来控制头发的松紧度，现在流行的森系或田园风格的造型很多都是把辫子拉松或拉丝，营造出一种随意、清新、慵懒的感觉。

（三）正三股辫与反三股辫的区别

正三股辫的编法都是从最左或最右的那股发片上分别压中间一股发片；反三股辫的编法都是最左或最右的那股发片从下分别往中间绕。正三股辫给人感觉比较平整；反三股辫的纹理比较突出，纹理感较强，一般较常见用于编非洲辫。

（四）三股辫的具体操作手法

1.正三股辫

图	说明
图9-5-1	①将发片平均分为三等份
图9-5-2	②将A股发片压在B股发片的上面
图9-5-3	③将C股发片压在A股发片的上面
图9-5-4	④继续重复以上手法，直至编完

 图9-5-5	⑤完成正三股辫造型

2.反三股辫

 图9-5-6	①将发片平均分为三等份
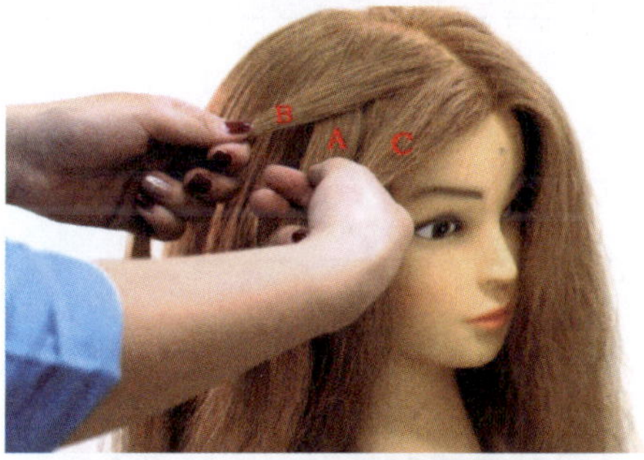 图9-5-7	②将B发片压在A发片的上面
 图9-5-8	③将A发片压在C 发片的上面

 图9-5-9	④重复以上手法，记住外面两根发片始终是往中间发片的下面编
 图9-5-10	⑤完成反三股辫造型

3.三股辫发型实例一

 图9-5-11	时尚看点：这款长发麻花辫马尾编发发型彰显出十足的欧美风味，采用简约又随意慵懒的侧边马尾编发设计，在给人慵懒自然感觉的同时也不失时尚味道，而那清晰的三股麻花辫纹理，以及打造的蓬松感，都让整款造型更加的好看，突显欧美风格

4.三股辫发型实例二

 图9-5-12	时尚看点：这款长发麻花辫马尾编发发型彰显出小清新的味道，间隔距离用发带扎个蝴蝶结，时尚感十足，而那清晰的三股麻花辫纹理，以及打造的蓬松感，都让整款造型更加的好看，展现年轻时尚的气质

5.三股辫发型实例三

 图9-5-13	①将头发一分为二，先编两根正三股辫，将辫子拉松
 图9-5-14	②将两根辫子分别用夹子固定在后脑勺处，做出花型

 图9-5-15	③整理后，头发像一朵玫瑰花的造型

二、任务实施

在规定时间完成以下任务，完成后参照考核评价表进行评比（表9-5-1）。

1.将头模分成4个区，分别在4个区编2条正三股辫和2条反三股辫。

2.模仿三股辫示例，在30分钟完成三款造型。

表9-5-1　三股辫造型任务评价表

评价内容	内　容	分　值	学生自评	小组互评	教师评分
完成情况	准备工作	10			
	正三股辫手法正确	20			
	反三股辫手法正确	20			
	三款造型正确使用三股辫手法	40			
职业素质	团队合作	5			
学习纪律	遵守纪律	5			

三、任务拓展

1.上网搜集包含三股辫手法的发型图片，并发到班级QQ群里。

2.请利用三股辫手法设计三款不同的编发造型。

任务六　造型基本手法——三股续发

任务目标

本次任务旨在让学生掌握三股单续、三股双续的编发技法。

任务描述

三股续发的手法在编发造型中经常使用，在韩式造型、欧式造型中，常用三股单续的手法结合盘发技巧做出时尚大气的造型，常见的蜈蚣辫就是运用三股双续的手法。它是一款兼具复古与时尚的编发发型，一款优雅的蜈蚣辫发型能让顾客的气质迅速提升，现在让我们一起来学习。

一、知识准备

（一）三股续发的概述

三股单续，就是在三股辫的基础上不断单边加入一股头发一起编的手法。

三股双续，也称“蜈蚣辫”，就是在三股辫的基础上分别在左右两边不断加入一股头发一起编的手法。

（二）三股续发的要点

先取少量头发平均分成三股，按普通麻花辫的方法编一次，然后再另取一股发片并入三股辫的最左或最右股，始终保持三股头发，以此类推，不断按三股辫的先后顺序续编完。

（三）三股续发的具体操作手法

1.三股单续手法及造型实例

①用三根手指把发片分为均匀的三等份（图9-6-1）。

② 将A发片压在B发片的上面（图9-6-2）。

③将C发片压在A发片的上面（图9-6-3）。

④从最外边取一发片加入A发片中，继续编正三股辫（图9-6-4）。

⑤ 将C发片压在A发片的上边，需要注意的是，C

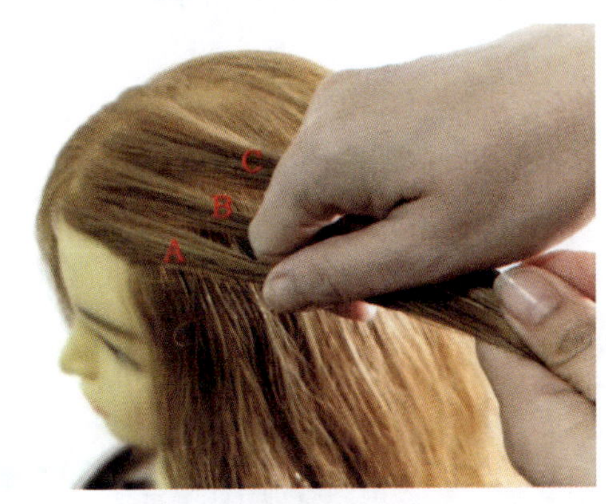

图9-6-1　把发片分三等份

发片不加其他发片（图9–6–5）。

图9–6–2　A发片压B发片

图9–6–3　C发片压A发片

图9–6–4　A发片加其他发片续编

图9–6–5　C发片压A发片

⑥重复以上手法不断往下编编到耳后就不用加发片了，继续用三股辫的手法编完这根辫子（图9–6–6）。

⑦用同样手法，在右边刘海区分三等分发片，用三股单续手法编头模右边的辫子，注意每次加发片都是从最外边加，从耳后用三股辫手法编完右边的辫子（图9–6–7）。

图9–6–6　完成一边效果

图9–6–7　完成另一边效果

⑧将发尾打毛，使辫子不易松散（图9-6-8）。

⑨两边辫子交叉固定在后脑勺处，用一字夹固定（图9-6-9）。

⑩把发尾处烫卷，完成整体造型（图9-6-10）。

图9-6-8　将发尾打毛

图9-6-9　固定辫子在脑后

图9-6-10　烫卷发尾，完成整体造型

2.三股双续手法及造型实例

图9-6-11	①用排骨梳把头发梳理通顺
图9-6-12	②在头顶取U形发片

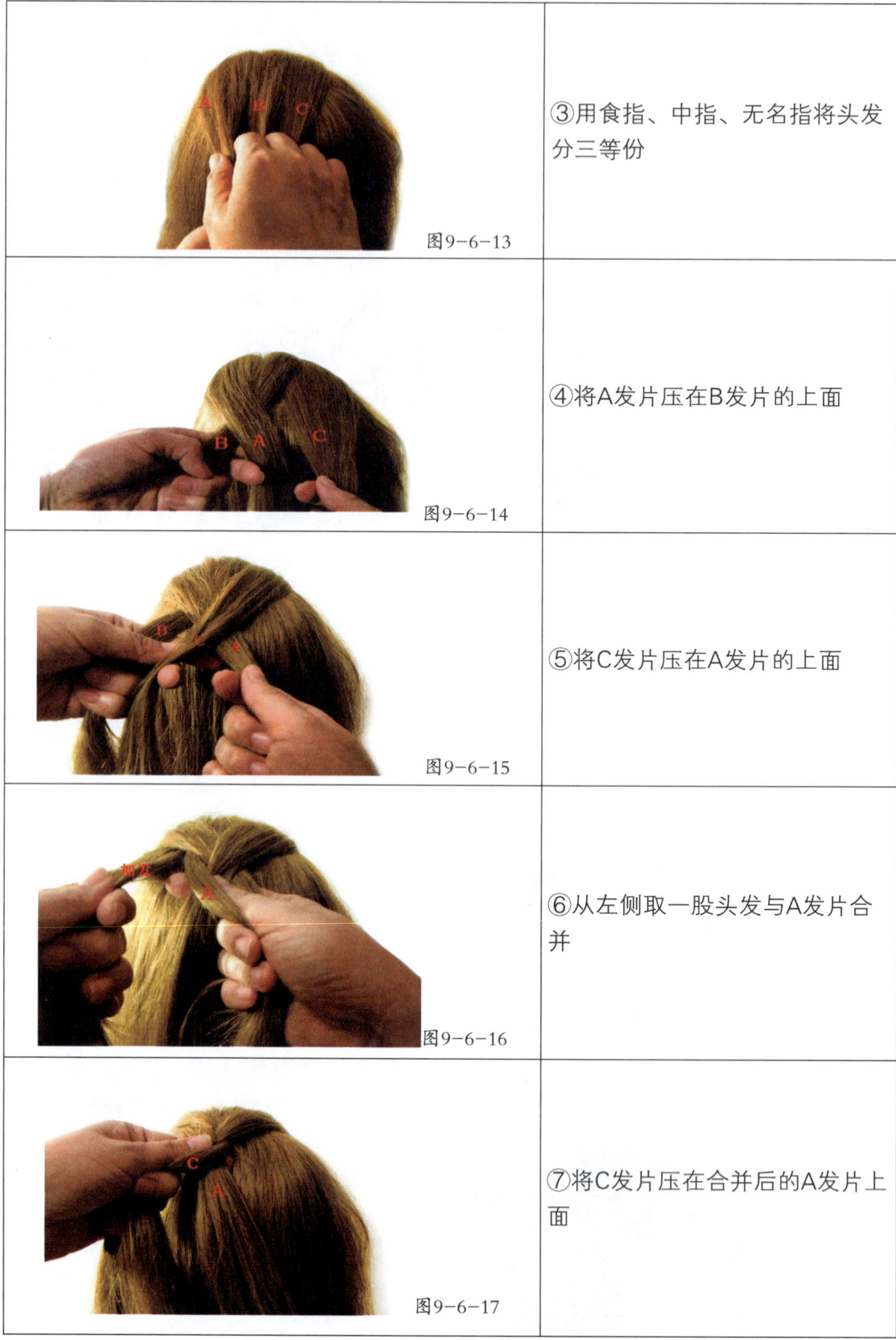

图9-6-13	③用食指、中指、无名指将头发分三等份
图9-6-14	④将A发片压在B发片的上面
图9-6-15	⑤将C发片压在A发片的上面
图9-6-16	⑥从左侧取一股头发与A发片合并
图9-6-17	⑦将C发片压在合并后的A发片上面

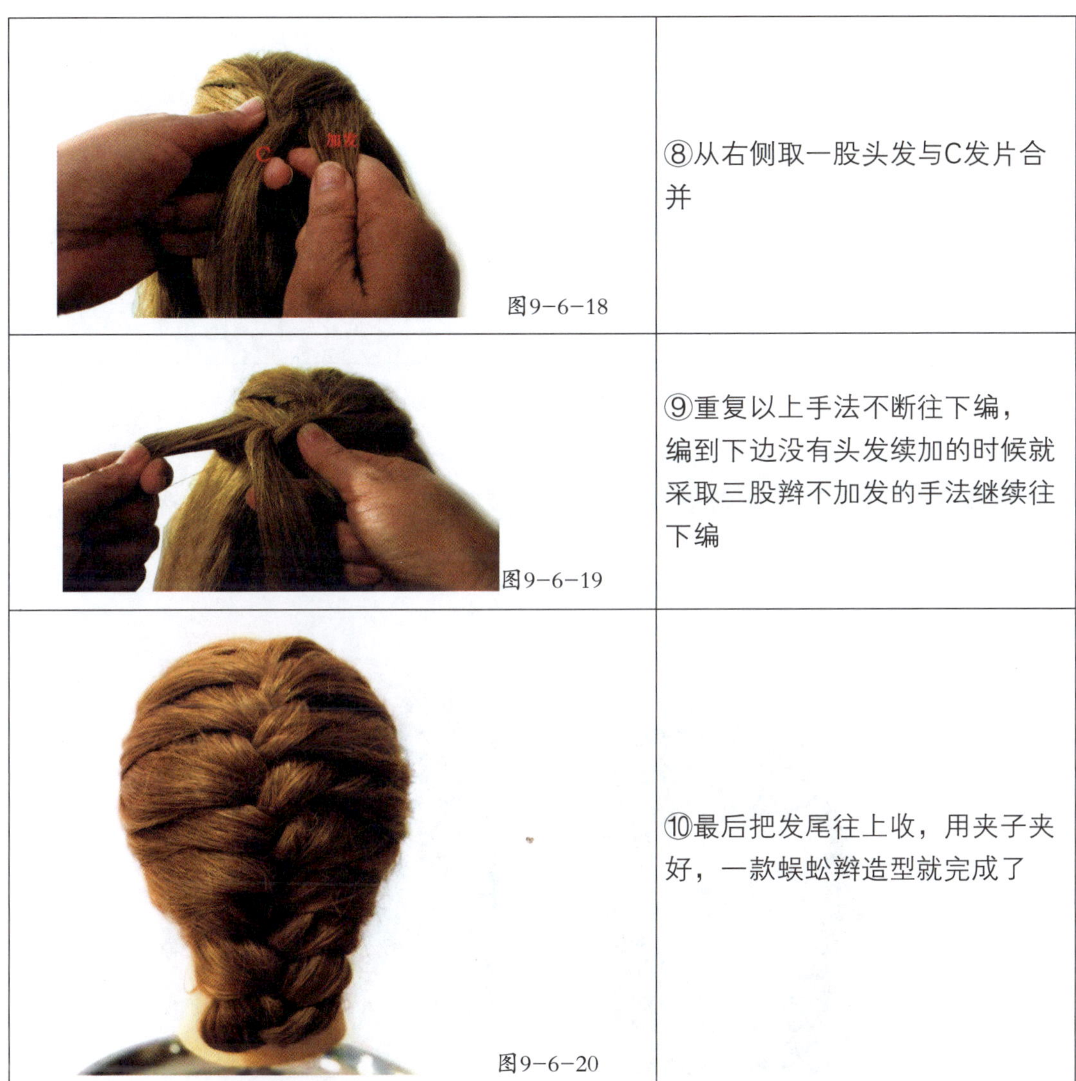

图9-6-18

⑧从右侧取一股头发与C发片合并

图9-6-19

⑨重复以上手法不断往下编，编到下边没有头发续加的时候就采取三股辫不加发的手法继续往下编

图9-6-20

⑩最后把发尾往上收，用夹子夹好，一款蜈蚣辫造型就完成了

二、任务实施

学生在规定的时间完成三股单续、蜈蚣辫的造型，完成后参照考核评价表进行评比（表9-6-1）。

表9-6-1 三股辫发造型任务评价表

评价内容	内　容	分　值	学生自评	小组互评	教师评分
完成情况	准备工作	10			
	三股单续、双续编发手法正确	20			
	分发均匀，续发发片大小均匀	20			

（续表）

评价内容	内　容	分　值	学生自评	小组互评	教师评分
完成情况	辫子松紧度合适，笔直、匀称	20			
	整体造型干净、整洁	20			
职业素质	团队合作	5			
学习纪律	遵守纪律	5			

三、知识拓展

非洲辫的编法，很多都是利用反三股辫加双续的手法编成的，请大家课后模仿非洲辫效果图编辫子（图9-6-21）。

图9-6-21　非洲辫效果图

任务七　造型基本手法——鱼骨辫

任务目标

本次任务旨在让学生掌握鱼骨辫的编发技法。

任务描述

鱼骨辫是很多年轻女性非常喜欢的一款时尚发型。在森系造型及田园风格的造型中非常常见，现在让我们一起来学习。

一、知识准备

（一）鱼骨辫的概念

鱼骨辫的样子看起来像鱼的骨头，因而得名，也称“蝎子辫”。鱼骨辫利用鱼骨的纹理，能够让发型看上去发量丰盈，质感十足。此外将鱼骨辫与盘发两者相结合，可以设计出更多的优雅发型。

（二）鱼骨辫的编发技巧

鱼骨辫的编发手法有许多种，下面介绍常见的两种。

1.编法一

（1）先将长发分为A股、B股两部分。

（2）再加入第三股头发，而A股、B股头发要始终保持不动，需要不停地加发。

（3）注意，添加的C股头发是从A股、B股中挑出来的。

（4）这样一直加发、编发，鱼骨辫就完成了。

（5）鱼骨辫编好以后，用手将发束拉松一下，会更加漂亮。

2.编法二

（1）先将头发分为四等份，然后将中间两股头发交叉，左右两股头发保持不动。

（2）从右边发束的外侧挑出一小束头发，将这束头发加入左边的发束中。

（3）从左边发束的外侧挑出一小束头发，将这束头发加入右边的发束中。

（4）重复步骤（2）~（3），将头发左右编织到发尾即可。

（5）将发尾处用皮筋扎好，接着将鱼骨辫拉松散一些，制造出微微的凌乱感。

（三）鱼骨辫的编发要点

1.在左右两侧取不断加入新的头发，取的发片越细，编出的造型越像鱼骨，造型越漂亮。

2.编完后，把辫子拉松，可以营造出清新、随意、凌乱的感觉。

（四）鱼骨辫的具体操作手法

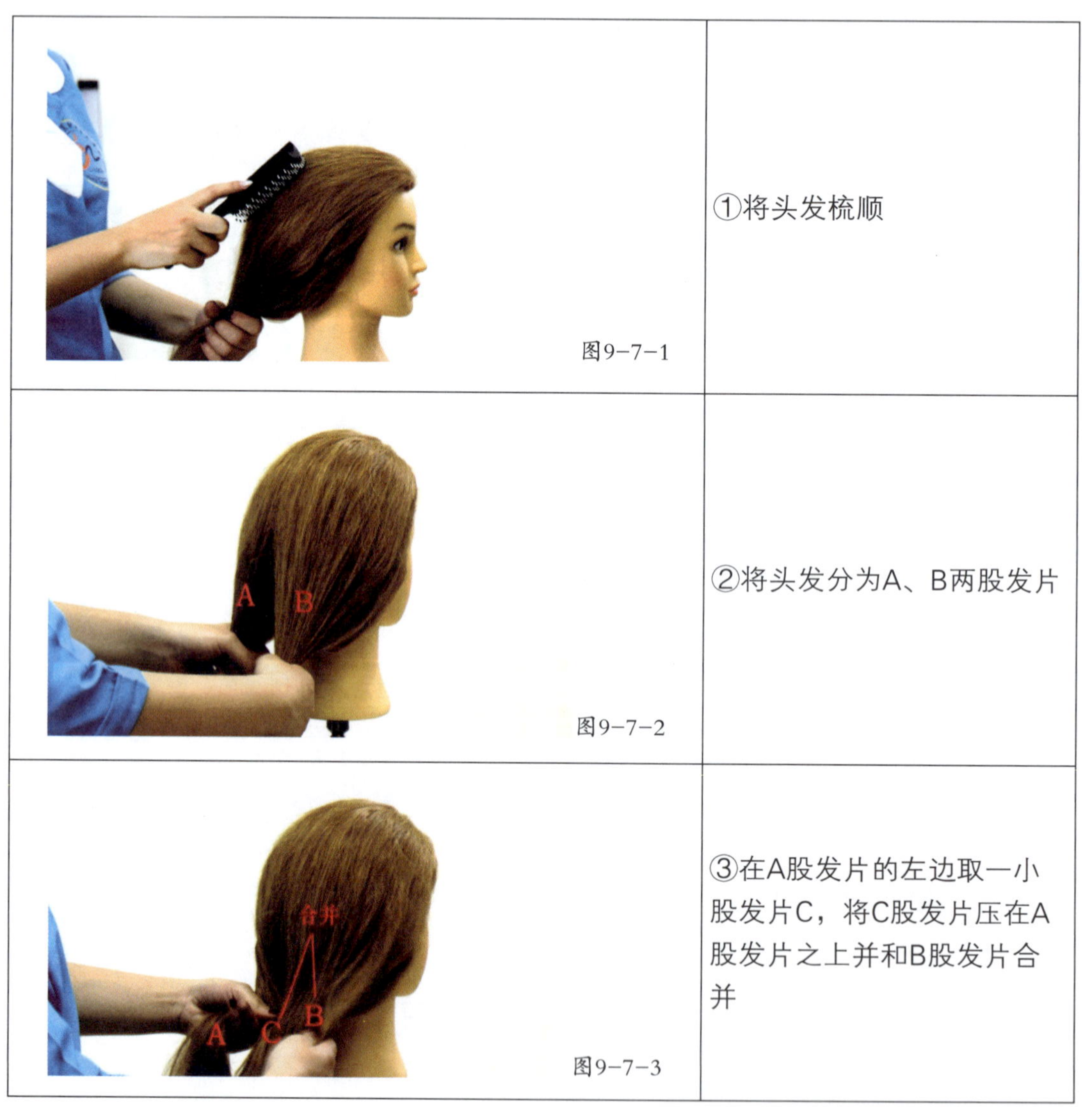

图9-7-1	①将头发梳顺
图9-7-2	②将头发分为A、B两股发片
图9-7-3	③在A股发片的左边取一小股发片C，将C股发片压在A股发片之上并和B股发片合并

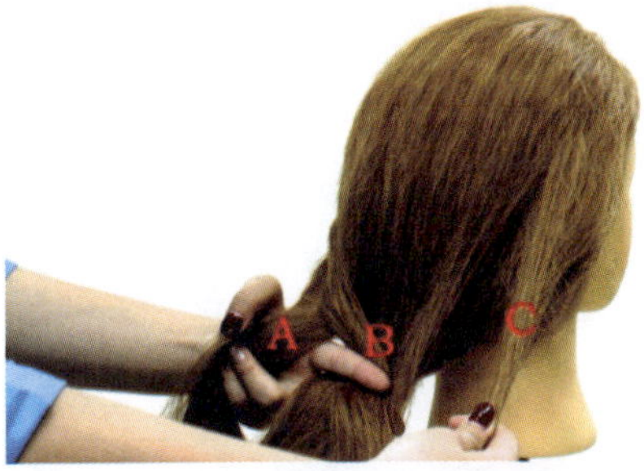 图9-7-4	④在B股发片旁取一股发片C
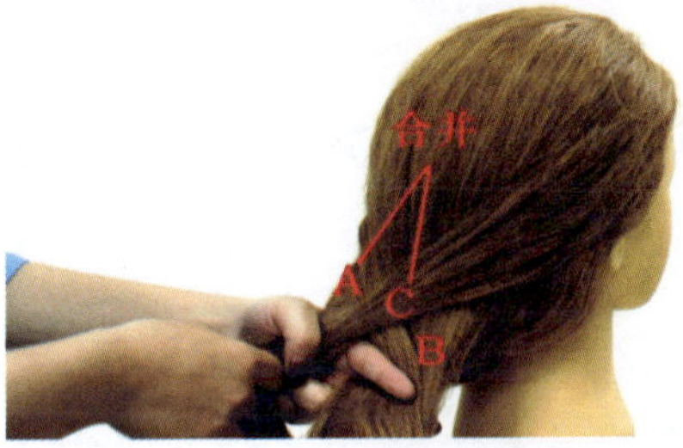 图9-7-5	⑤将分出的C股发片压在B股发片的上面并和A股发片合并
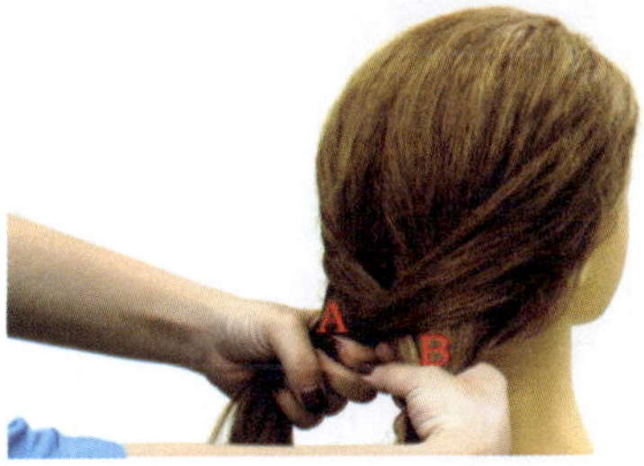 图9-7-6	⑥交叉合并后的效果
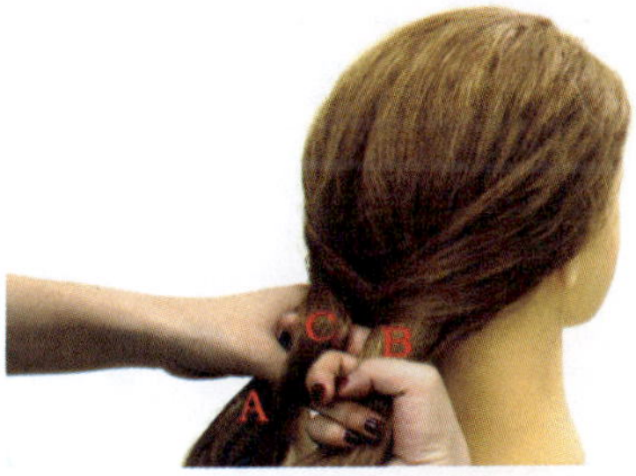 图9-7-7	⑦继续用相同的手法编辫
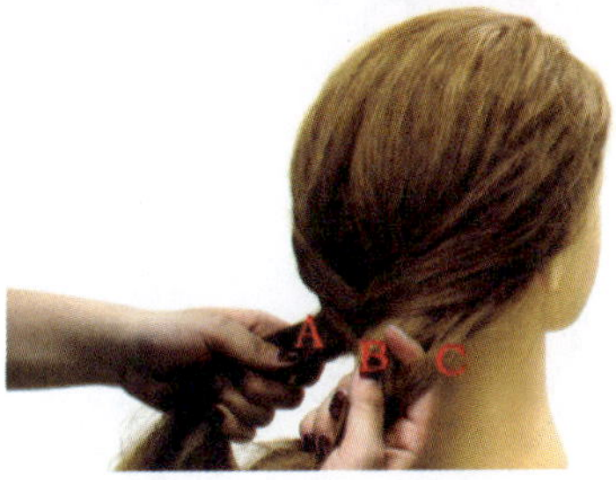 图9-7-8	⑧重复以上手法直至发尾

图9-7-9

⑨完成鱼骨辫造型

二、任务实施

学生在规定的时间完成鱼骨辫的造型，完成后参照考核评价表进行评比（表9-7-1）。

表9-7-1　鱼尾辫造型任务评价表

评价内容	内　容	分　值	学生自评	小组互评	教师评分
完成情况	准备工作	10			
	编发手法正确	20			
	分发均匀，续发发片大小均匀	20			
	辫子松紧度合适，笔直、匀称	20			
	整体造型干净、整洁	20			
职业素质	团队合作	5			
学习纪律	遵守纪律	5			

三、任务拓展

1.请大家上网搜集利用鱼骨辫手法所做的造型图片。

2.请大家课后练习鱼骨辫，并利用鱼骨辫手法设计一款发型。

任务八　造型基本手法——四股辫、四股圆辫

任务目标

本次任务旨在让学生掌握四股辫及四股圆辫的编发技法。

任务描述

四股辫、四股圆辫是从三股辫中演绎出来的，现在让我们一起来学习。

一、知识准备

（一）四股辫、四股圆辫的概念

四股辫是指由四束头发缠绕而成的麻花辫造型，因此被称四股辫或四股编发。四股圆辫也是由四束头发缠绕而成的麻花编造型，因为编出的辫子无论从哪个角度看都是圆形的，因此称为四股圆辫。

（二）四股辫的编发口诀

四股辫的编发口诀：先把头发分四股，然后1压2、3压1、1压4，再重复。

（三）四股辫的具体操作手法

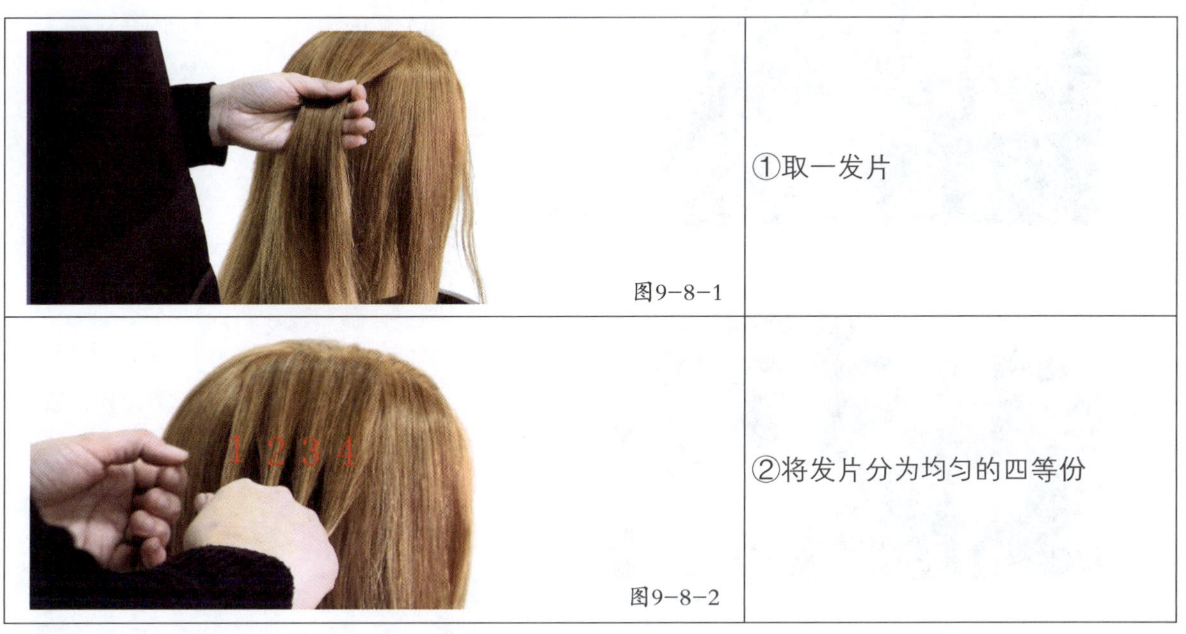

图9-8-1	①取一发片
图9-8-2	②将发片分为均匀的四等份

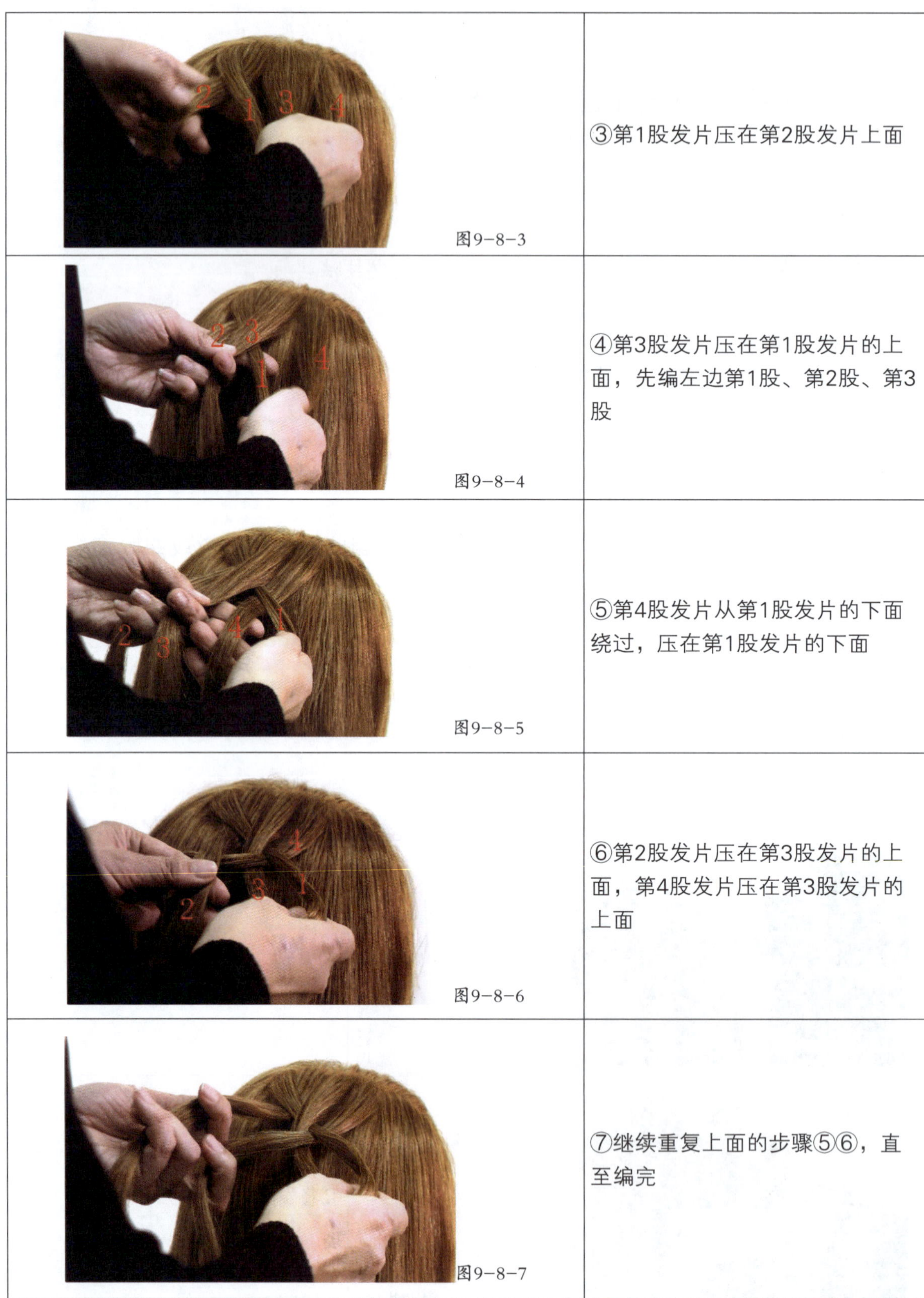

图9-8-3	③第1股发片压在第2股发片上面
图9-8-4	④第3股发片压在第1股发片的上面，先编左边第1股、第2股、第3股
图9-8-5	⑤第4股发片从第1股发片的下面绕过，压在第1股发片的下面
图9-8-6	⑥第2股发片压在第3股发片的上面，第4股发片压在第3股发片的上面
图9-8-7	⑦继续重复上面的步骤⑤⑥，直至编完

 图9-8-8	⑧完成四股辫造型

（四）四股圆辫的具体操作手法

 图9-8-9	①取一发片
 图9-8-10	②将发片均分四等份
 图9-8-11	③左边三股头发编正三股辫

 图9-8-12	④手指在第2股发片和第3股发片之间从上往下穿过，绕在第1股发片的后边
 图9-8-13	⑤取第4股发片
 图9-8-14	⑥将第4股发片从下往上压住中间的那股头发，也就是把第4股发片从第3股发片的左边往上压住
 图9-8-15	⑦从最右边的第1股发片和第4股发片中间绕过第3股发片，在第3股发片的后面取第2股发片压在第4股发片的上面，继续左右交替直至编完
 四股圆辫 四股辫 图9-8-16	⑧完成四股圆辫造型

二、任务实施

学生在规定的时间内在头模上辫四条四股辫及四股圆辫，完成后参照考核评价表进行评比（表9–8–1）。

表9–8–1　四股辫、四股圆辫造型任务评价表

评价内容	内　容	分　值	学生自评	小组互评	教师评分
完成情况	准备工作	10			
	四股辫、四股圆辫编发手法正确	20			
	分发均匀，续发发片大小均匀	20			
	辫子松紧度合适，笔直、匀称	20			
	整体造型干净、整洁	20			
职业素质	团队合作	5			
学习纪律	遵守纪律	5			

三、任务拓展

请大家课后练习四股辫、四股圆辫，并利用四股辫、四股圆辫手法设计一款发型。

任务九　造型基本手法——包发

任务目标

本次任务旨在让学生掌握单包、双包、叠包的技法。

任务描述

包发是盘发当中最常用的技法之一，多用于盘发的后发区，它能让后发区的头发显得更加饱满，经典发型“赫本头”运用的就是包发技术，很多韩式、欧式新娘妆也运用包发技术，现在让我们一起来学习。

一、知识准备

（一）包发的概述

包发包括单包、双包、叠包，可以让头发显得饱满。在包发中用到了拧、扭的手法，现在新的包发技术经常与倒梳、编发、抽丝等技法配合形成新的表现形式，但基本技术点是一样的。

（二）包发的技术要点

1.在包发时，为了发型的饱满度，一般先倒梳，然后把表面梳光滑，再包发。

2.在固定包发时，注意隐藏发卡。

3.单包与双包的区别在于单包只进行一次拧发、扭发，双包是左右各进行一次拧发、扭发，叠包与双包都是两次包发，但叠包是一个包叠加在另一个包的上面。

（三）包发的具体操作手法

1.单包

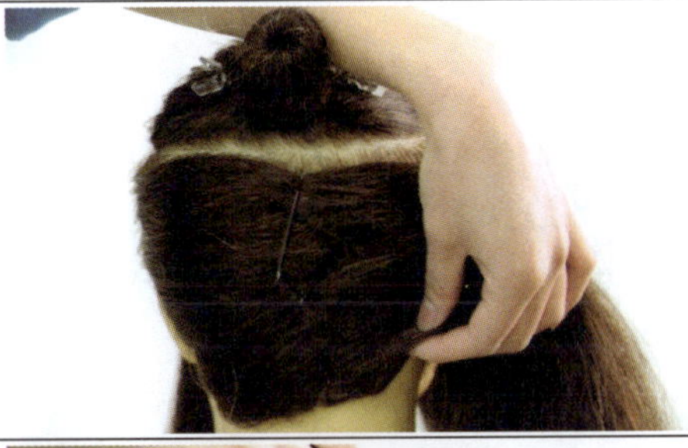 图9-9-1	①将后区的头发梳好后打毛并将表面梳光滑，然后用发夹在中间位置开始交叉固定，最后用一个发夹从上往下固定
 图9-9-2	②以食指为轴，将发夹右边的头发扭转，注意头发表面要光滑
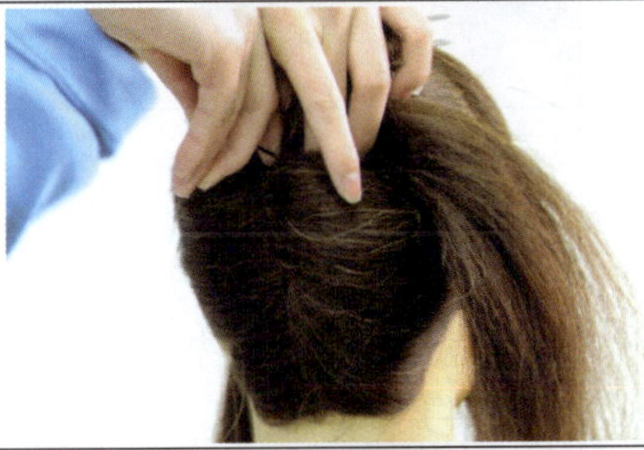 图9-9-3	③在手指的位置从上往下用第一个夹子固定头发
 图9-9-4	④从上往下用夹子将发缝固定
 图9-9-5	⑤完成单包造型

2.双包

图示	说明
图9-9-6	①将后发区头发一分为二，将左边头发打毛并把表面梳光滑
图9-9-7	②以左手食指为轴旋转头发并用夹子固定
图9-9-8	③以同样的手法，相反方向旋转头发并用夹子固定
图9-9-9	④完成双包造型

3.叠包

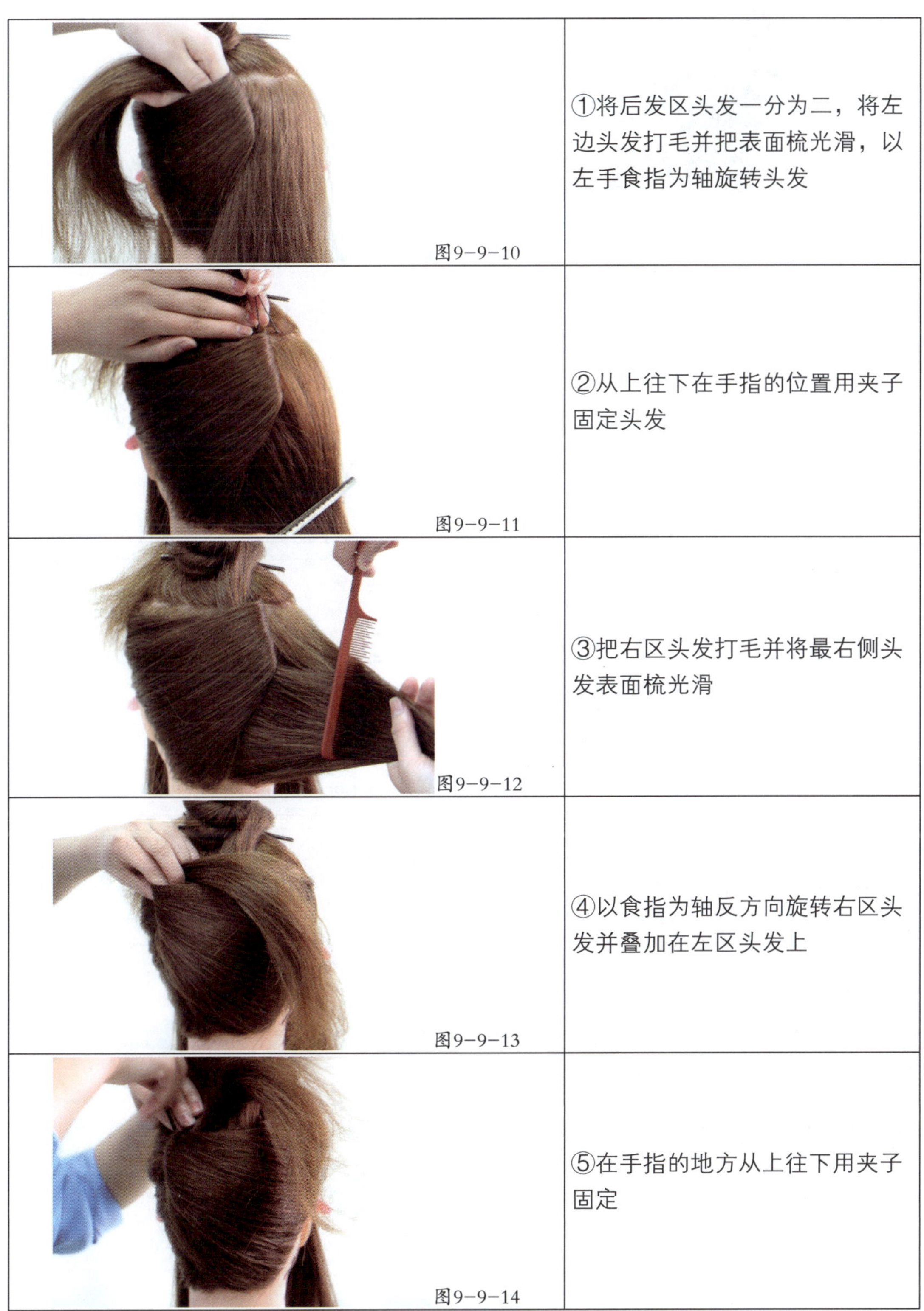

图9-9-10	①将后发区头发一分为二，将左边头发打毛并把表面梳光滑，以左手食指为轴旋转头发
图9-9-11	②从上往下在手指的位置用夹子固定头发
图9-9-12	③把右区头发打毛并将最右侧头发表面梳光滑
图9-9-13	④以食指为轴反方向旋转右区头发并叠加在左区头发上
图9-9-14	⑤在手指的地方从上往下用夹子固定

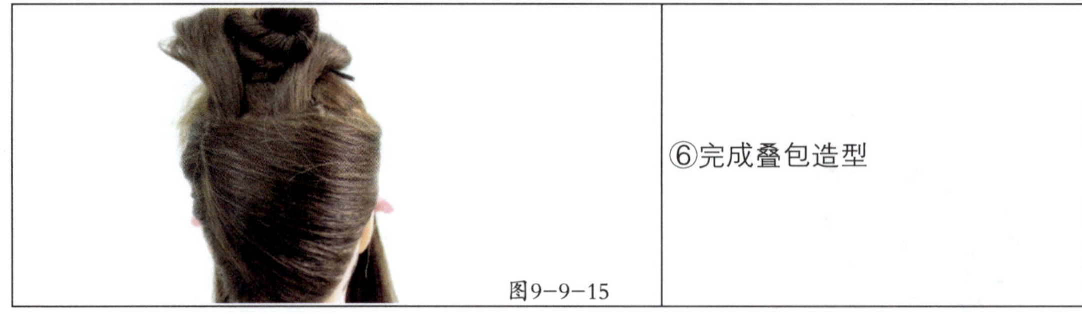 图9-9-15	⑥完成叠包造型

二、任务实施

学生在规定的时间内，在头模上练习包发，完成后参照考核评价表进行评比（表9-9-1）。

表9-9-1　包发造型任务评价表

评价内容	内　容	分　值	学生自评	小组互评	教师评分
完成情况	准备工作	10			
	倒梳手法正确	20			
	扭的手法正确	20			
	下夹子手法正确	20			
	整体造型干净正确、整洁	20			
职业素质	团队合作	5			
学习纪律	遵守纪律	5			

三、任务拓展

1.包发的时候如何做到让最外层发片表面光滑?

2.请大家上网搜集盘发造型图片。

3.请同学们利用课余时间进一步练习包发手法。

任务十　造型基本手法——扭绳技法

任务目标

本次任务旨在让学生掌握单股扭绳、二股扭绳、二股扭绳加单续的技法。

任务描述

扭转式的编发是近年来最流行的造型之一，不管是长发还是短发都可以打造扭转式的编发。常见的发型有单股扭绳及二股扭绳，在使用二股扭绳技法时，经常边扭边撕花，这样既有纹理感也有蓬松度，在森系、韩式、欧式新娘妆中也常运用，现在让我们一起来学习。

一、知识准备

（一）扭绳的概述

单股扭绳就是把一股头发朝同一个方向扭转的手法；二股扭绳就是把两股头发像拧麻绳一样松紧结合拧在一起的手法。单股扭绳造型显得比较时尚、干练，常用于拉拉操、健美操表演者的发型。二股扭绳手法在新娘妆、晚宴妆造型中常见。

（二）扭绳的技法要点

1.取的发片要大小均匀，这样扭出来的头发才有层次感。

2.发片要梳光滑，可以使用发蜡棒来减少碎发。

3.不管是单扭还是二股扭，扭发的方向要同向。

（三）扭绳的具体操作手法

1.单股扭绳

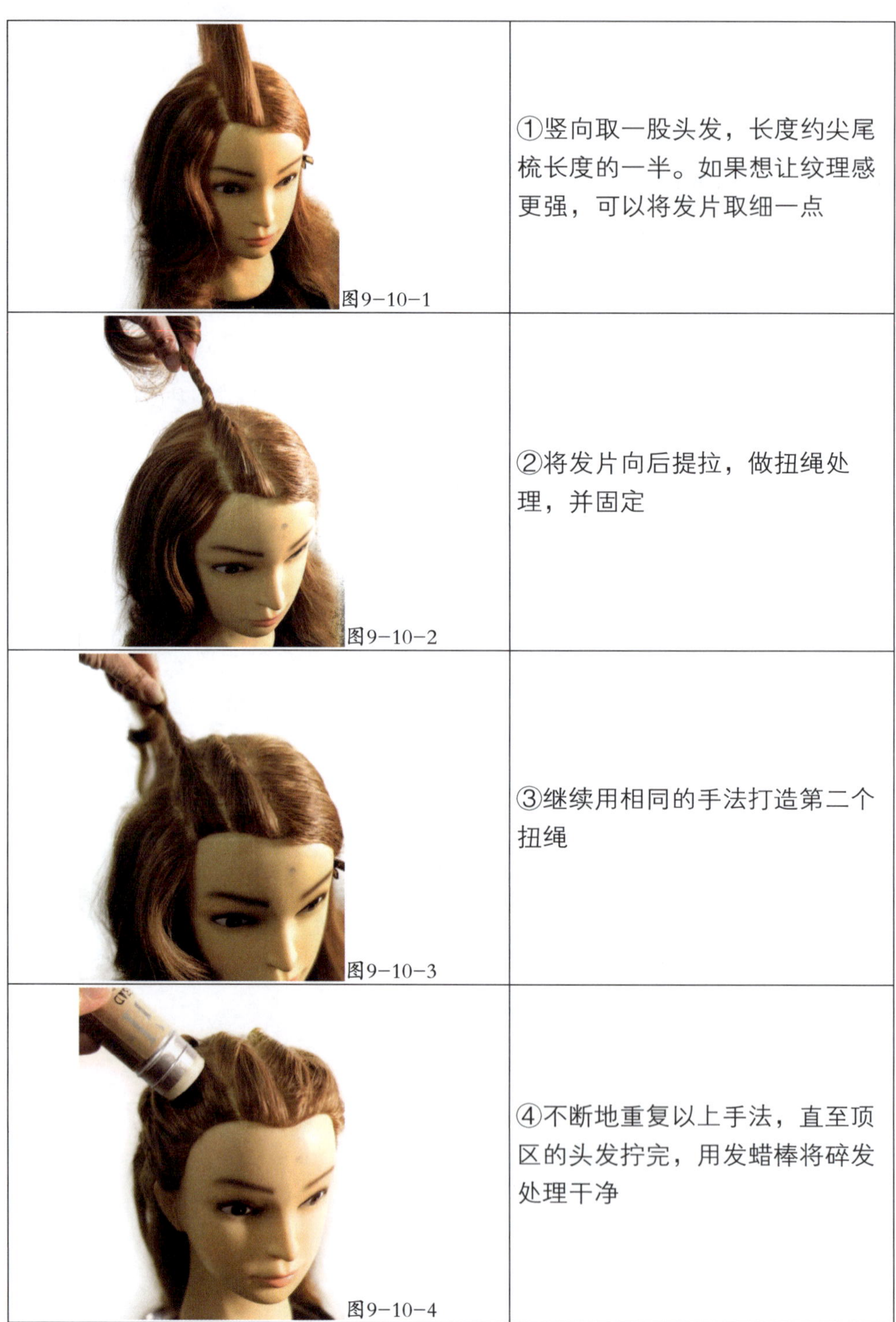

图9-10-1	①竖向取一股头发，长度约尖尾梳长度的一半。如果想让纹理感更强，可以将发片取细一点
图9-10-2	②将发片向后提拉，做扭绳处理，并固定
图9-10-3	③继续用相同的手法打造第二个扭绳
图9-10-4	④不断地重复以上手法，直至顶区的头发拧完，用发蜡棒将碎发处理干净

 图9-10-5	⑤完成单股扭绳造型

2.二股扭绳

 图9-10-6	①梳顺头发
 图9-10-7	②取一发片，分为二等份
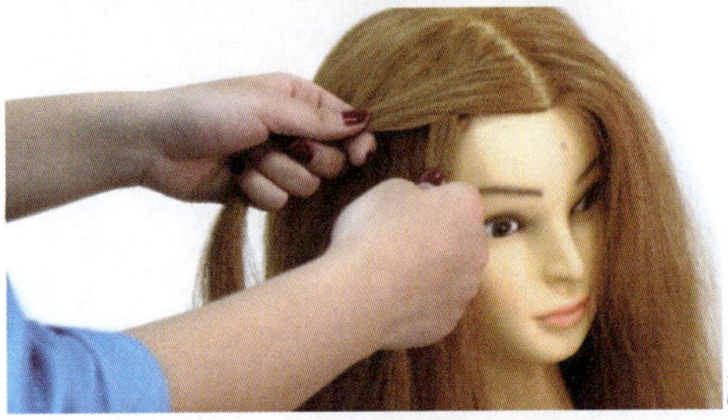 图9-10-8	③两股头发交叉
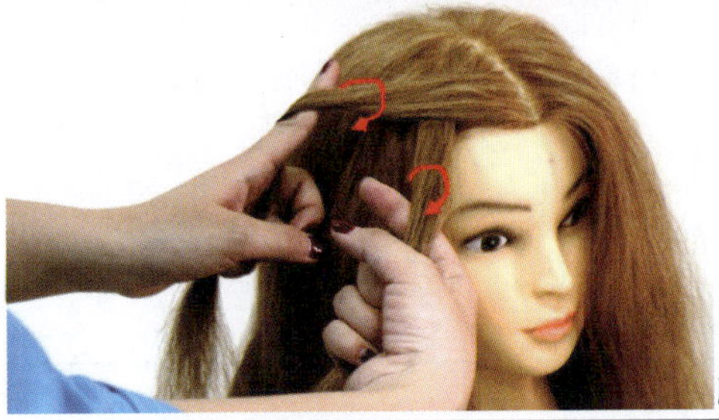 图9-10-9	④右手食指从外往里勾，左手食指从里往外勾，同向顺时针扭转头发

图片	说明
图9-10-10	⑤把两股头发扭转后，再次交叉
图9-10-11	⑥继续重复步骤④⑤，直至发尾
图9-10-12	⑦完成二股扭绳造型

3.二股扭绳加单续

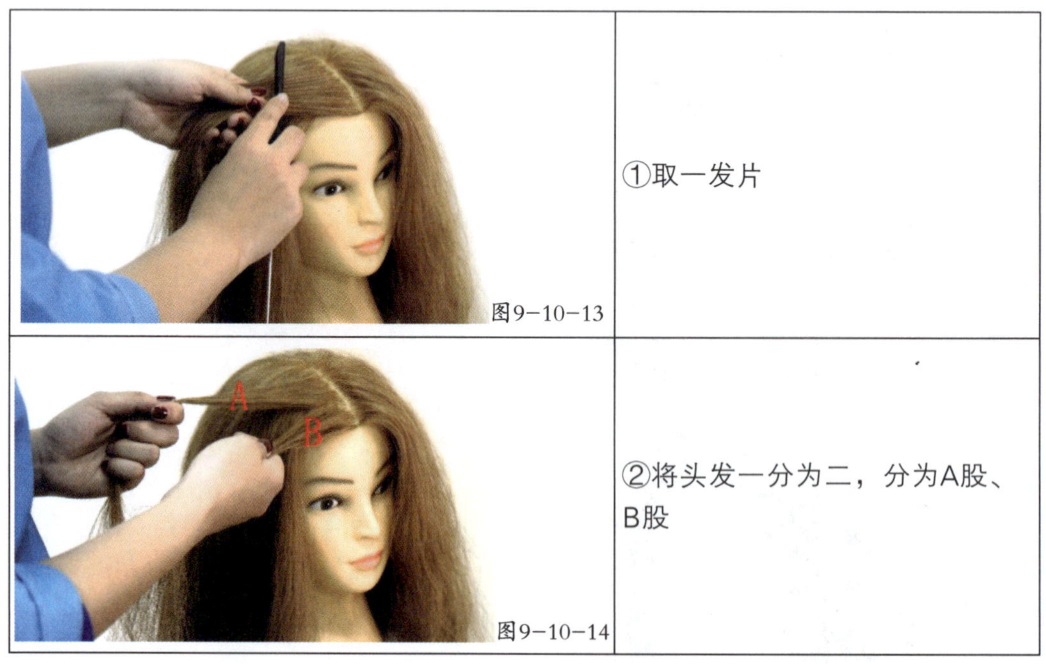

图片	说明
图9-10-13	①取一发片
图9-10-14	②将头发一分为二，分为A股、B股

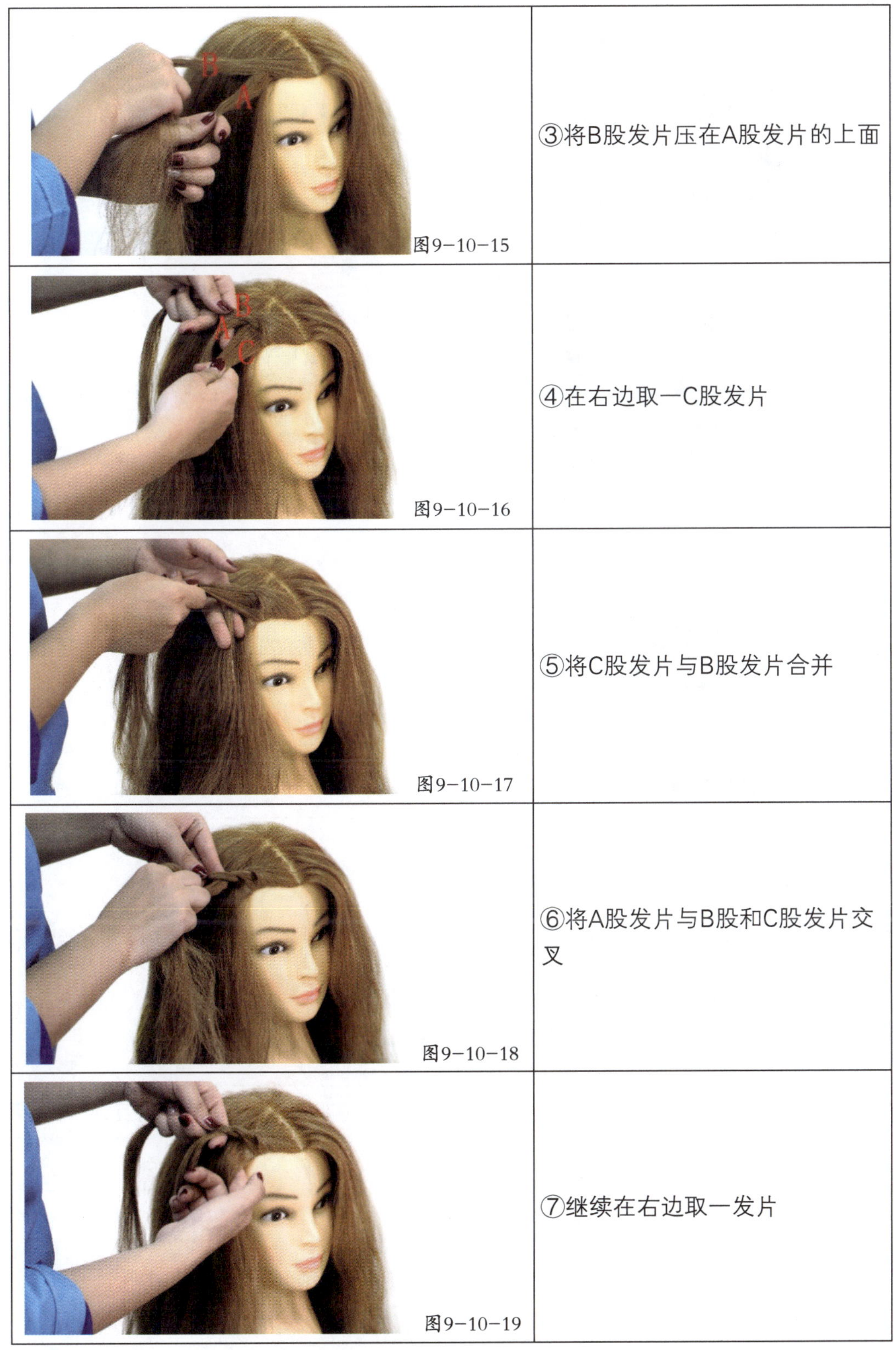

图	步骤
图9-10-15	③将B股发片压在A股发片的上面
图9-10-16	④在右边取一C股发片
图9-10-17	⑤将C股发片与B股发片合并
图9-10-18	⑥将A股发片与B股和C股发片交叉
图9-10-19	⑦继续在右边取一发片

图9-10-20	⑧不断重复以上手法，直至编到耳后
图9-10-21	⑨在耳后位置，则采取二股扭绳不加发片的手法继续编，直至发尾
图9-10-22	⑩将左右两边的辫子固定在后发区

二、任务实施

每位学生在规定的时间内在头模上练习二股扭绳及二股扭绳加单续，完成后参照考核评价表进行评比（表9-10-1）。

表9-10-1　扭绳造型任务评价表

评价内容	内　容	分　值	学生自评	小组互评	教师评分
完成情况	准备工作	10			
	二股扭绳手法正确	20			
	二股扭绳加单续发片大小均匀	20			
	辫子松紧度合适，笔直、匀称	20			

（续表）

评价内容	内　容	分　值	学生自评	小组互评	教师评分
完成情况	整体造型干净、整洁	20			
职业素质	团队合作	5			
学习纪律	遵守纪律	5			

三、任务拓展

1. 上网搜集有关二股扭绳造型图片。
2. 课余时间进一步练习二股扭绳手法，并尝试做出图9-10-23所示的造型。

图9-10-23　二股扭绳造型图

任务十一　造型基本手法——手推波纹技法

任务目标

本次任务旨在让学生掌握手推波纹的技法。

任务描述

手推波纹是复古手法的主要表现元素之一，早在20世纪初，这款发型就曾风靡一时，时至今日，依然很多次被明星们在影视剧和秀场展示。手推波纹是对化妆师造型方面的一个高技巧的考验，更是许多造型师和新娘所青睐的发型手法之一。

一、知识准备

（一）手推波纹技法的简介

手推波纹其实是“Finger Waves”直译过来的发型名称，顾名思义，它的操作手法是借助于发型师的手“推理”而成。早在20世纪二三十年代就风靡好莱坞，从三十年代开始，随着西方造型文化的进入，在上海盛行，与旗袍的美妙搭配，形成造型的经典，以流畅的线条，圆润的、饱满的美感带来妩媚的女人味，一直受中西方明星们的青睐。随着时代的发展，我们可以先将刘海分片烫发，然后再做手推波纹造型，这样更加方便快捷。

（二）手推波纹技法的要点

1.注意烫发的重要性，刘海区与侧区的头发需竖向均匀地分片取发。

2.烫发时注意卷度要合适，保持头发蓬松自然。

3.手推波纹发片要光滑干净，不可出现凌乱、有碎发的现象，并且波纹弧度和大小要合适。

4.固定时要与后区头发自然衔接，同时隐藏发尾与发卡。

（三）手推波纹技法的具体操作手法

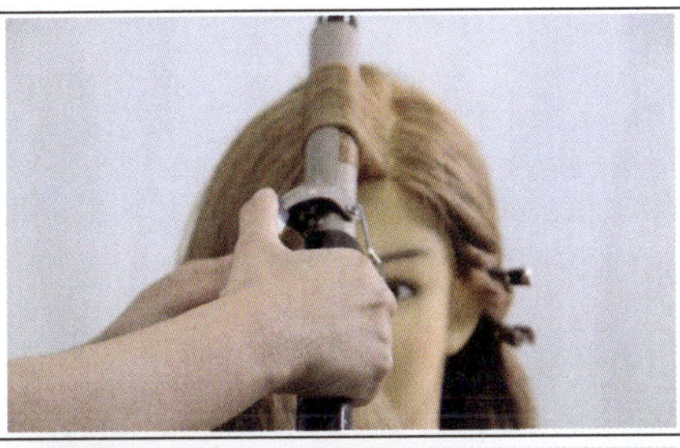 图9-11-1	①将前区刘海三七分，将头发分片，用22号电卷棒将所有头发同一水平向下烫卷
 图9-11-2	②取一发片，向前提拉，将其根部用鸭嘴夹固定
 图9-11-3	③将发片梳理干净后，用梳子和手向鸭嘴夹方向推出第一个波纹
 图9-11-4	④用两个鸭嘴夹固定发片
 图9-11-5	⑤将剩下的发片梳理干净
 图9-11-6	⑥用尖尾梳将发片往前推出第二个弧度，适当盖住额头

图9-11-7	⑦用鸭嘴夹在手压处固定
图9-11-8	⑧用尖尾梳往后推出下一个波纹并固定，注意推的时候是一前一后交替着推，直到推至发尾处
图9-11-9	⑨喷发胶定型
图9-11-10	⑩可以用电吹风加热，使发胶快速定型，待发胶干后，取下鸭嘴夹
图9-11-11	⑪完成手推波纹造型

（四）作品欣赏

图9-11-12　金格尔·罗杰斯

图9-11-13　玛丽莲·梦露

图9-11-14　周旋

图9-11-15　赵四小姐

时尚看点：这款发型充满着曲线美，表面光滑的手推波刘海整齐地贴在前额上，微弯的立体卷度让发丝的边缘呈现雕刻艺术品般的柔美典雅，使女性更加妩媚，是复古新娘造型的首选（图9-11-16）。

图9-11-16　复古新娘造型

二、任务实施

分组训练，学生在规定时间内完成手推波纹造型，完成后参照考核评价表进行评比（表9-11-1）。

表9-11-1　手推波纹技法造型任务评价表

评价内容	内　容	分　值	学生自评	小组互评	教师评分
完成情况	准备工作	10			
	手推波手法正确	20			
	分发均匀，发片大小均匀	20			
	发片光滑、曲度协调	20			
	整体造型干净、整洁	20			
职业素质	团队合作	5			
学习纪律	遵守纪律	5			

三、任务拓展

1. 上网搜集有关手推波纹造型图片。
2. 课余时间进一步练习手推波纹技法，并把作品发送到班级QQ群里。